COURS

DE SCIENCES INDUSTRIELLES.

ASTRONOMIE

ÉLÉMENTAIRE.

ASTRONOMIE

ÉLÉMENTAIRE

OU

DESCRIPTION GÉOMÉTRIQUE DE L'UNIVERS,

FAITE AUX OUVRIERS MESSINS,

PAR

C. L. BERGERY,

ANCIEN ÉLÈVE DE L'ÉCOLE POLYTECHNIQUE, PROFESSEUR DE SCIENCES APPLIQUÉES
DE L'ÉCOLE D'ARTILLERIE DE METZ, MEMBRE DE L'ACADÉMIE ROYALE
DE LA MÊME VILLE, ET D'AUTRES SOCIÉTÉS SAVANTES.

METZ,

Mᵐᵉ THIEL, RUE DU PALAIS.

—

1832.

AUX OUVRIERS MESSINS.

Mes bons amis !

C'est à vous que je dois dédier cet ouvrage, car ce sont vos sollicitations réitérées qui m'ont porté à l'entreprendre.

L'exposition de quelques-unes des lois de la nature, que je vous ai faite pour étendre le champ des applications de la Géométrie, a fortement excité votre curiosité, mais n'a pu la satisfaire complètement. Avides d'instruction, encouragés par vos succès dans l'étude des sciences, vous m'avez exprimé, à diverses reprises, le vif désir de bien connaître ce merveilleux univers où tant d'hommes vivent sans se soucier de le comprendre.

Je souhaite que cette simple description réponde au nouveau besoin de vos âmes ; je souhaite que les notions exactes qu'elle vous donnera sur les phénomènes, la structure et l'harmonie de l'œuvre immense, infinie du Créateur, redressent vos idées, détruisent les préjugés dont votre enfance a été imbue, vous pénètrent d'admiration et vous rendent religieux comme doivent l'être des hommes éclairés et libres.

Ce serait ma faute, entièrement ma faute, si vous ne parveniez pas à concevoir le système du monde, à sentir la beauté, la grandeur dont il est empreint. Les preuves multipliées d'ardeur, de constance et d'intelligence que vous donnez depuis plusieurs années, en suivant nos Cours industriels, suffisent bien pour faire admettre que les élémens de l'Astronomie ne sont point hors de votre portée.

Depuis long-temps, au reste, l'ouvrier est à mes yeux aussi capable que tout autre de puiser dans les diverses parties du vaste trésor des connaissances humaines, aussi apte à s'élever jusqu'aux sublimes vérités de la science et de la morale. J'espère donc bien qu'un jour il aura part entière à la vie intellectuelle, qu'il en connaîtra tout le charme, et qu'il trouvera dans les ressources, dans la sagesse de son esprit, les moyens d'assurer son bien-être.

Alors, et cette époque n'est peut-être pas très-loin de nous, alors cesseront les convulsions sociales, parce qu'il y aura liberté sage et nivellement de haute civilisation : les ouvriers et les maîtres, les pauvres et les riches seront à peu près égaux en savoir et en moralité, comme ils l'étaient en ignorance et en vices, dans les temps de servitude et de barbarie.

Je ne verrai point, sans doute, cette plénitude de la dignité humaine, cet anoblissement de l'atelier, ce bonheur physique et moral du pauvre ; mais la conscience d'y avoir un peu travaillé suffira pour consoler ma vieillesse, pour adoucir l'instant où le poids des années me forcera de renoncer au plaisir d'instruire aussi vos enfans.

Votre affectionné professeur,

BERGERY.

DESCRIPTION

DE L'UNIVERS.

De tous les points de la terre, l'homme aperçoit au-dessus de sa tête une voûte bleue, parsemée de points brillans, éclairée par la Lune durant la nuit, et inondée de la lumière du Soleil pendant le jour. Cette voûte est ce que nous appelons vulgairement le *ciel*, le *firmament*; ses points brillans sont les *étoiles*; le Soleil, la Lune, les étoiles se nomment *astres*; les lois éternelles imposées à ces astres et à la Terre, par le créateur de l'univers, jointes aux faits qui en découlent, constituent la science appelée *Astronomie*.

Il est naturel de fixer d'abord notre attention sur le Soleil qui nous frappe par son éclat et vivifie toute la nature. Nous reviendrons ensuite à la Terre qui nous porte, et nous terminerons notre étude par celle de la Lune et des autres astres.

LE SOLEIL.

1. *Forme et rotation.* Le Soleil semble un cercle d'or, quand on le regarde au travers d'un léger brouillard ou d'un verre noirci à la fumée d'une chandelle; il est donc rond au moins dans un sens. Mais, au moyen des grandes lunettes appelées *télescopes*, on voit des taches noires sur le Soleil; ces taches, après s'être montrées près de l'extrémité d'un diamètre, arrivent vers le centre, et parviennent ensuite à l'extrémité opposée du même diamètre. On a dû en conclure que le Soleil n'est pas immobile, qu'il tourne sur lui-même, comme une toupie qui dort. Or, il n'y a qu'une boule qui, tournant dans le sens d'un diamètre, puisse paraître toujours ronde. Le Soleil doit donc avoir à peu près la forme d'une *boule*, d'une *sphère*, d'un *globe*, car ces trois mots expriment la même chose. Voilà pourquoi l'on dit souvent le *globe du Soleil*.

Une preuve de plus de la sphéricité du Soleil, c'est que chaque tache, au moment où elle paraît, est vue sous un très-petit angle; que l'angle de vision augmente pendant la marche de la tache vers le milieu du Soleil, et qu'il diminue ensuite quand la même tache va du milieu vers le bord où elle disparaît. Ces apparences doivent avoir lieu en effet, si le Soleil a la forme d'une boule, ou si les taches sont placées sur une surface bombée, ou ce qui est encore la même chose, si elles cheminent sur un cercle S (F. 1) : le petit arc de cercle qu'une tache occupe en A est vu du point T de la Terre sous un très-petit angle ; en B, l'angle qui répond au même arc, est plus grand ; en C il devient aussi petit qu'en B.

2. *Distance à la Terre.* Nous rapportons le Soleil à la voûte bleue du ciel ; mais c'est une illusion : cette voûte n'est qu'une apparence de l'épaisse couche d'air qui nous environne, et cela est si vrai qu'en regardant au travers de l'air, des montagnes très-éloignées, on les voit bleuâtres. Or, l'air ne s'étend qu'à quelques lieues au-dessus de nous, c'est un fait qui sera démontré plus loin, et la distance du Soleil à la Terre est de 149 000 911 kilomètres, ou à peu près de 33 525 322 lieues contenant chacune 2 280 toises. Si malgré cette énorme distance, le Soleil nous paraît assez près de la Terre, c'est qu'il est impossible de juger de l'éloignement d'un objet, quand il n'est pas précédé de quelques autres qui divisant la distance, permettent de l'apprécier. On éprouve la même illusion en mer : un vaisseau semble beaucoup plus près de l'observateur, qu'il ne l'est effectivement ; elle a lieu aussi dans une plaine nue : le voyageur marche quelquefois plusieurs heures avant d'arriver au clocher qu'il croit éloigné seulement d'une petite lieue.

Vous êtes sans doute curieux de savoir comment on a pu mesurer la distance de la Terre au Soleil. Mais il ne me serait guères facile de vous faire comprendre les moyens rigoureux que nos modernes astronomes ont employés. Je me contenterai de vous faire concevoir la possibilité du mesurage. Supposez donc que vous connaissiez la distance de deux points A, B de la Terre (F. 2) et qu'au moyen d'un instrument propre à indiquer les angles, vous preniez ceux que forme AB avec les deux lignes de mire AS, BS dirigées des points A, B au centre du Soleil. Vous auriez assez pour construire un triangle semblable à ASB, d'après une échelle, et en déduire la longueur de AS ou de BS, si vous pouviez trouver un tableau qui contînt ce triangle réduit. Mais, la somme des angles A, B vaut presque 180°, et par conséquent AS, BS, presque parallèles, iraient se couper fort loin, quelque petit que vous prissiez le côté correspondant à AB. On peut éviter cette difficulté par l'emploi d'une table qui donne, pour chaque angle, la perpendiculaire *mn* abaissée sur l'un des côtés, d'un point pris sur l'autre, à l'unité de distance du sommet. Connaissant les angles A, B, on a l'angle S en retranchant leur somme de 180° ; on le trouve de 8″,8 seulement, lorsque AB = 2 025 lieues, et parce que les perpendiculaires des angles sont proportionnelles aux côtés opposés (*), on fait la proportion : la perpendiculaire de

---

* Cette proportionnalité est facile à démontrer. Abaissons de A une perpendiculaire AB sur le côté CD du triangle ACD (F. 4), et nommons *p*, *p'*

l'angle S est au côté AB, comme celle de l'angle A est au côté BS, distance de la Terre au Soleil.

3. *Diamètre.* De ce que nos yeux nous trompent sur l'éloignement du Soleil, il suit qu'ils nous trompent aussi sur sa grosseur. Comment apprécions-nous la grosseur d'une boule? d'abord par l'angle des deux lignes de mire qui vont de l'œil aux extrémités d'une des cordes; mais il faut aussi juger de la distance, car des cordes bien différentes peuvent être vues sous le même angle. Par exemple, la corde *ab* moitié de la corde AB (F. 3), donne lieu au même angle de vision AOB, si sa distance à l'œil O est moitié de celle de AB, et dans le cas où rien ne permet de reconnaître que AB est plus éloigné que *ab*, on est porté à supposer que ces deux droites sont égales. Ainsi, nous donnons au Soleil la grosseur qu'il aurait, s'il était réellement à la même distance de nous que la voûte bleue à laquelle il nous semble attaché.

Mais, un calcul bien simple détruit aisément cette illusion. Puisque le Soleil est à 33,5 millions de lieues de la Terre, il se trouve sur la circonférence d'un cercle dont le diamètre est 67 millions de lieues et dont nous occupons le centre. La longueur de cette immense circonférence est de 210,5 millions de lieues; elle contient, comme toute autre circonférence, $1296000''$, et l'arc qu'y occupe le Soleil, ou l'angle sous lequel nous le voyons, renferme $1923''{,}3$. Nous avons donc la proportion $1296000 : 1923{,}3 :: 210000000^l{,}5 : x$. Le quatrième terme x étant calculé, nous donnera en lieues l'arc occupé par le Soleil; mais puisque cet arc n'excède guère un demi-degré, nous pouvons bien le regarder comme égal à sa corde qui est aussi celle par laquelle nous apprécions la grosseur du Soleil. Or, deux droites AO, BO qui concourent à 33 millions de lieues, peuvent bien être considérées comme parallèles, et alors la corde AB se confond avec le diamètre. Le quatrième terme de la proportion précédente apprend donc qu'à fort peu près le diamètre du Soleil est de 315 mille lieues.

4. *Volume et vitesse.* Il suit de là que la circonférence du *disque* solaire, c'est-à-dire du cercle lumineux que nous voyons, a pour longueur 989604 lieues, et que le volume du Soleil contient 16365576150000000 de lieues cubes. Cette masse prodigieuse tourne pourtant sur son axe, ou exécute ce qu'on appelle sa *ro-*

---

les perpendiculaires abaissées sur CD, de points pris sur les côtés AC, AD, à l'unité de distance des sommets C, D. Nous aurons les proportions $AB : p :: AC : 1$, $AB : p' :: AD : 1$, puisque AB, p et p' sont pa-pallèles. On tire de la 1re $AB = p \times AC$ et de la 2^e $AB = p' \times AD$. Par conséquent, $p \times AC = p' \times AD$, ce qui exige qu'on puisse écrire $p : AD :: p' : AC$. La démonstration serait la même pour les perpendiculaires parallèles des angles A, C, abaissées sur AC, et l'on verrait aisément que la 2e perpendiculaire de C est égale à la 1re p.

2

tation, en 25 jours et demi, comme l'a prouvé l'observation suivie du mouvement d'une même tache. Par conséquent, chaque point situé sur le grand cercle perpendiculaire à l'axe, parcourt 989 604 lieues en 25^j,5 ou 38 808 lieues en un seul jour ou 1 617 lieues par heure. Il n'est guère possible de se faire l'idée d'une semblable vitesse.

Bien des personnes, frappées de la petitesse apparente du disque solaire et de l'immensité de la voûte céleste, se laissent aller à penser que cette voûte pourrait contenir un nombre pour ainsi dire infini de soleils comme le nôtre. Vous leur prouverez aisément qu'une telle idée est fausse et qu'au contraire c'est un nombre fort borné qui exprime combien de soleils pourraient être placés à la même distance de la Terre. En effet, une sphère qui a pour rayon 33 millions de lieues et demi ou 67 millions de lieues pour diamètre, contient en surface 14 102 trillions de lieues carrées. Le disque solaire dont le rayon a 157 mille lieues, renferme 77 437 millions de lieues carrées, et ce nombre est contenu seulement 182 109 fois dans 14 102 trillions de lieues carrées. Par conséquent, la voûte céleste ne pourrait tout au plus contenir que 182 109 soleils, ce qui est bien loin d'être un nombre infini.

5. *Nature du Soleil.* On sait bien peu de chose sur la nature du Soleil, et vous concevez qu'il n'en peut être autrement. Voici ce que de longues observations ont appris : les taches noires ont souvent de telles dimensions qu'une seule suffirait pour couvrir deux fois la Terre ; elles sont entourées de parties plus brillantes que le reste du disque, et on les voit se former au milieu de ces espèces de foyer, puis y disparaître au bout d'un certain temps, ce qui semble indiquer à la surface du Soleil de vives effervescences dont les éruptions de nos volcans ne sont que de très-faibles images ; enfin il arrive que pendant des années entières le disque solaire se montre uniformément lumineux et pur de toute tache.

6. *Atmosphère solaire.* On croit le Soleil environné d'un fluide analogue à l'air qui entoure la Terre, mais bien plus épais. S'il n'y avait pas, en effet, une matière qui affaiblit les rayons des bords du disque, comme l'air affaiblit la lumière quand le matin ou le soir elle le traverse horizontalement, ces bords ne nous paraîtraient pas moins brillans que le centre ; ils auraient même un plus vif éclat, puisque des deux arcs AB, BC qui se voyent sous des angles égaux AOB, BOC (F. 5), AB situé près du bord ADE, est le plus long et renferme conséquemment plus de points lumineux que BC.

Du reste, il est aisé de sentir que la présence d'une atmosphère analogue à la nôtre et concentrique au Soleil, suffit pour produire l'affaiblissement des rayons du bord ; car on voit bien que le rayon lumineux AO a beaucoup plus de chemin à faire dans la voûte de fluide bornée au cercle ponctué, que les rayons BO et CO ; la différence est presque égale au rayon du Soleil, lequel est de 157500 lieues. Or, il en est de la lumière comme de la chaleur : elle est absorbée par tous les corps qu'elle touche.

LA TERRE.

Forme et rotation diurne.

7. *Forme.* La forme de la Terre est aussi à peu près celle d'un globe, car 1° le Soleil dore le sommet des montagnes, avant d'éclairer la pointe de nos clochers, et ses rayons frappent les clochers avant d'atteindre les maisons ; 2° les personnes qui voient un vaisseau s'avancer vers le port, en découvrent d'abord les voiles les plus élevées, puis successivement les voiles inférieures, et elles n'aperçoivent le corps du bâtiment qu'après une grande diminution de la distance. Pareillement, pour les personnes qui en naviguant s'éloignent du rivage, les côtes disparaissent en premier lieu ; ensuite et successivement les maisons, les arbres, les édifices élevés, puis les montagnes. 3° Si vous allez en Danemark, en Suède, vous verrez briller, pendant la nuit, des étoiles qu'on n'aperçoit jamais en France, et il en sera de même si vous passez en Afrique.

Ces faits ne peuvent point s'expliquer, quand on suppose la Terre plane, et au contraire ils s'expliquent parfaitement, lorsqu'on admet qu'elle est bombée partout. En effet, les rayons EB du soleil levant sont tangens à une espèce de sphère (F. 6) et ne peuvent éclairer que la partie AB d'une perche plantée en C ; mais bientôt la partie BC restée dans l'ombre, reçoit la lumière à son tour, parce que le Soleil s'élève et que les rayons tangens s'approchent de l'horizontale du point C. De même, la ligne de mire horizontale d'une personne placée en C, ne lui fait apercevoir que la partie DE d'un objet situé en F ; il faut que l'objet avance et prenne la position F', pour que de C on en voye la presque totalité. De même encore, le navigateur qui, parti de C, se trouve en G, ne découvre plus la partie BC de la perche ; parvenu en G', il ne peut plus voir l'extrémité A. Enfin, du point C, on n'aperçoit point l'étoile E ; mais elle est visible du point G.

Cette explication est tellement satisfaisante, qu'elle suffit bien pour vous convaincre de la sphéricité de la Terre ; mais je puis y ajouter une démonstration rigoureuse quoique fort simple. Vous savez que la direction du fil-à-plomb est perpendiculaire à la surface des eaux tranquilles. Si donc la surface des mers est plane, les directions de verticales éloignées doivent être parallèles, comme celles de verticales voisines, et au contraire elles doivent concourir, si la surface des mers est bombée. Or, deux lignes de mire AS, BS dirigées vers le centre du Soleil, de deux points A, B éloignés et situés sur le rivage de la mer (F. 7), peuvent être regardées comme parallèles, puisqu'elles ne concourent qu'à 33 millions de lieues. Elles feraient donc des angles égaux avec des verticales parallèles. Hé bien! les angles SAC, SBD formés par ces deux lignes de mire et les verticales AC, BD, ont toujours été trouvés inégaux, en quelques lieux qu'on ait fait les observations. Par conséquent, les verticales ne sont point parallèles et la surface des mers est bombée partout.

Au reste, nous aurons plus tard à nous occuper d'un phénomène qui, mettant en évidence la *silhouette* de la Terre, prouve aux yeux que l'homme habite un globe.

8. *Antipodes*. Mais vous allez dire qu'il y a des êtres sur toute la surface de la Terre, et que si elle est ronde, ceux de ces êtres qui habitent la partie opposée à la nôtre, ont nécessairement la tête en bas et doivent tomber. — Pourquoi, vous demanderai-je, n'avons nous point la tête en bas? N'est-ce pas parce que nos pieds touchent la terre et que notre corps s'élève verticalement vers la voûte céleste? Hé bien! les hommes placés à l'autre extrémité du diamètre qui aboutit au point où nous sommes, ces hommes dont les pieds sont *opposés* aux nôtres et que pour cela nous nommons nos *antipodes*, ces hommes ont absolument la même position que nous : leurs pieds portent sur terre, et leur corps s'élève verticalement vers le ciel; ils n'ont donc pas plus que nous la tête en bas. Vous craignez qu'ils ne tombent? Mais tomber, c'est aller vers la Terre et non vers la Lune; et comment iraient-ils vers la Terre, puisqu'ils s'appuient constamment dessus? S'ils tombent, c'est comme nous tombons nous-mêmes, en s'étendant sur terre de toute la longueur de leur corps.

Grandes aspérités. Ajouterez-vous qu'il n'est guère permis de regarder comme rond, un corps sur lequel se trouvent tant de hautes montagnes et de profondes vallées? — Je répliquerai que la plus haute montagne d'Afrique, le *pic de Ténériffe*, ne s'élève qu'à 0,83 de lieue au-dessus du niveau de la mer; que la plus grande montagne d'Europe, le *Mont-Blanc*, en Savoie, n'a qu'une hauteur de $1^{li},08$; que la plus élevée des montagnes d'Amérique, le *Nevado de Sorata*, a seulement $1^{li},73$; qu'enfin la plus haute montagne du monde, un des pics de l'*Himálaya* au Tibet, en Asie, n'a pas tout-à-fait $1^{li},76$ en élévation. Qu'est-ce qu'une hauteur de $1^{li},76$ par rapport au diamètre moyen de la Terre, qui contient 2870 lieues? $\frac{1}{1630}$, pas davantage. L'Himálaya n'est donc pas pour notre globe, ce que sont pour une orange les inégalités de son écorce, et par conséquent, la Terre, malgré ses montagnes, est pour le moins aussi ronde qu'une orange.

9. *Rotation*. De ce que la Terre est ronde comme le Soleil, vous pourriez presque déjà conclure qu'elle tourne aussi sur elle-même. Admettant ensuite que sa rotation se fait en 24 heures,

vous auriez une explication bien simple des jours et des nuits. Supposez, en effet, que l'énorme disque solaire éclaire à peu près la moitié ABC de notre globe (F. 8), et que ce globe tourne de A vers B, sur un axe représenté par le point P. Le cercle qui sépare la partie éclairée de celle où il fait nuit et que représente la droite AC, ne changera pas de position, tandis qu'un point M et tous les points situés comme celui-là sur le demi-cercle PM, seront emportés vers le demi-cercle PA par la rotation. Quand PM se confondra avec PA, les habitans de PM commenceront à voir le Soleil S, cet astre se *levera* pour eux ; il se sera écoulé un quart de jour, lorsque PM aura la position PM′ ; il sera midi pour les habitans de PM, au moment où ce demi-cercle atteindra PB, et alors le plan PM passerait par le centre du Soleil, s'il était suffisamment prolongé ; arrivés en PM″, les habitans de PM seront aux trois quarts de leur jour ; lorsqu'ils atteindront PC, le Soleil se *couchera* pour eux ; enfin, ils compteront minuit au moment où leur plan, arrivé en PM‴, passera de nouveau par le centre du Soleil.

J'ai supposé, dans cette explication, que le jour fût égal à la nuit, ou que l'un et l'autre durassent 12 heures, comme au commencement du printemps et de l'automne ; vous verrez plus loin à quoi tiennent nos grands jours d'été et nos longues nuits d'hiver.

Il est vrai qu'on pourrait aussi se rendre raison du jour et de la nuit, en supposant, comme le croyaient les anciens peuples, que la Terre fût immobile et que le Soleil tournât autour d'elle en 24 heures. Mais, comment imaginer qu'une masse de 16 quatrillions de lieues cubes parcoure en 24 heures une circonférence de 210 millions de lieues (3) ? Il faudrait qu'elle fît plus de 8 millions de lieues par heure. Les étoiles qui sont encore bien plus éloignées que le Soleil, et qui paraissent tourner comme lui autour de nous en 24 heures, devraient avoir une vitesse beaucoup plus grande encore, une vitesse qui effraye réellement l'imagination. N'est-il donc pas bien plus simple, bien plus naturel, que les étoiles et le Soleil soient fixes, et que la Terre leur présente successivement tous ses points en 24 heures ? Cela exige seulement, comme nous le verrons, que le grand cercle ABCM perpendiculaire à l'axe P, ait une vitesse de 377 lieues par heure, ce qui n'est pas le quart de la vitesse de rotation du Soleil (4).

Au reste, les observations astronomiques prouvent que c'est une loi imposée à tous les autres astres de tourner sur eux-mêmes. Pourquoi la Terre ferait-elle exception ? Croire que l'immense univers tourne autour de notre petit globe immobile, ce serait se flatter que cet univers ait été créé tout exprès pour l'homme, et en vérité il y aurait démence à porter notre orgueil jusques-là. Bientôt, d'ailleurs, je vous ferai connaître un fait qui semble une preuve assez forte de la rotation du globe terrestre.

Mais, direz-vous, nous ne nous apercevons point de ce mouvement, et cependant il est bien assez rapide, puisque pour certains points de la Terre, la vîtesse est de 377 lieues par heure. — Comment peut-on s'apercevoir de son propre mouvement, quand il a lieu sans secousse? par les diverses positions qu'on prend relativement aux objets extérieurs. Ainsi, le batelier qui descend rapidement un fleuve, juge de sa vîtesse par le nombre des objets ou l'étendue de rivage qu'il laisse derrière lui; ceux qui courent la bague sur les chevaux de bois, jugent de la rapidité de rotation du manège, par la fréquence de leur retour au poteau. Hé bien! comme ces joueurs et le batelier s'aperçoivent de leur mouvement et l'apprécient, de même nous nous apercevons de celui de la Terre et nous l'apprécions, par le nombre d'étoiles qui passent de notre gauche à notre droite, quand nous regardons le ciel du côté du midi, ou par le temps que met notre plan PM à revenir au centre du Soleil.

Et remarquez que, pour le batelier, c'est le rivage qui semble fuir derrière lui; que pour les coureurs de bagues, ce sont les maisons, les arbres et les spectateurs qui paraissent tourner. Ces mouvemens des objets extérieurs sont bien évidemment des illusions; c'est donc aussi pour nous une illusion que le tournoiement du Soleil et des étoiles : ils nous paraissent tourner, parce que nous tournons nous-mêmes. Si nous étions sur le Soleil et que nous pussions apercevoir la Terre, elle nous semblerait tourner autour de cet astre en 25 jours et demi, précisément parce nous ferions un tour complet dans le même temps (4).

N'allez pas objecter que si nous tournons, la porte de France devrait chaque soir se trouver du côté de l'Allemagne, et la porte des Allemands, du côté de Paris : cela serait tout-à-fait contraire au bon sens. Ce n'est pas seulement la ville de Metz qui tourne; l'Allemagne, Paris et tous les autres points de la Terre, tournent en même temps que notre ville, comme les coureurs de bagues tournent ensemble. Et de même que ces joueurs sont toujours placés de la même manière les uns par rapport aux autres, notre ville, notre pays conservent toujours leurs positions par rapport aux villes et aux pays qui les entourent. La porte de France reste donc constamment du côté de Paris, et la porte des Allemands du côté de l'Allemagne.

Bien, répliquerez-vous, nous concevons maintenant que la rotation de la Terre puisse ne point troubler les positions respectives des choses qui sont sur le goble. Mais, si une bombe était lancée verticalement en l'air, elle devrait retomber loin du mortier, puisque ce mortier cheminerait, emporté par le mouvement de la Terre, pendant que la bombe monterait et descendrait. Cependant, la pierre qu'un enfant jette verticalement lui retombe sur la tête, s'il ne se dérange pas; le corps qu'on laisse tomber du haut d'un mur, arrive toujours précisément au pied. L'enfant ne tourne donc pas, le mur ne s'éloigne donc pas comme le plan PM de la fig. 8. — Au contraire, l'enfant tourne et le mur aussi; mais c'est que la pierre, quoique dans l'air, tourne en même temps et de la même quantité angulaire. Elle avait la vitesse de rotation quand elle a été jetée ou abandonnée, elle l'a conservée pendant son ascension et sa chute. Qu'un mousse laisse tomber une pierre du haut d'un mât, pendant que le vaisseau vogue à pleines voiles, elle arrive précisément au pied du mât ; c'est un fait constaté. Pourquoi ? parce que le mousse et la pierre que sa main tenait, ont absolument la vitesse du vaisseau, et que rien ne peut ôter cette vitesse à la pierre pendant sa chute, si elle tombe sans rencontrer d'obstacles. Au reste, tous les corps qui se trouvent dans notre *atmosphère* ou enveloppe d'air sphérique, participent à la rotation de la Terre, parce que cette enveloppe sur laquelle frotte constamment le globe, a dû bientôt prendre la même vitesse. Regardez pendant long-temps, par un temps calme, un nuage situé au-dessus de vous, il y restera constamment, jusqu'à ce qu'il se dissipe ou que le vent s'élève et le chasse.

10. *Attraction ou gravité.* Vous pourriez faire une dernière objection et dire qu'un mouvement circulaire qui force les pierres, les maisons, les animaux à parcourir 377 lieues par heure, devrait lancer tous ces corps en l'air, puisque dans la voltige à cheval où la vitesse est seulement de 3 à 4 lieues par heure, le cavalier est obligé de se tenir fortement penché vers le centre du manège, pour éviter d'être jeté violemment en dehors de la piste. — Nous serions effectivement lancés en l'air, s'il n'y avait pas une force qui nous retînt sur terre. Mais cette force existe et l'emporte tellement sur celle qui tend à nous détacher du sol, que nous ne sentons jamais l'action de cette dernière.

La force qui nous retient et nous rend maîtres de nos mouvemens, malgré notre grande vitesse, est naturelle aux corps, à la matière, comme la chaleur l'est au feu : c'est un don du Créateur, c'est une propriété qu'il a rendue inhérente à la matière, qu'elle possède de toute éternité, qu'elle conservera toujours et dont probablement nous ne connaîtrons jamais la cause ; c'est la *force d'attraction,* en vertu de laquelle deux parcelles de matière s'attirent mutuellement. Son action se fait sentir instantanément quelque grande que soit la distance des corps; on doit même la considérer comme permanente ; l'interposition d'autres corps ne la trouble point; quand elle ne produit aucun rapprochement, c'est que d'autres forces s'y opposent.

Déterminez, à l'aide d'une double équerre, une perpendiculaire à la surface d'une eau tranquille, vous aurez une verticale, avec laquelle devra se confondre la direction d'un fil-à-plomb attaché à l'extrémité supérieure. Mais, si la pièce d'eau est située au pied d'une grosse montagne, le fil-à-plomb ne s'appliquera pas le long de la perche verticale; il formera un angle avec elle, de telle manière que le plomb se trouvera plus près de la montagne. D'où cet effet peut-il provenir, si ce n'est de ce que la montagne attire le plomb?

Au reste, aucun corps ne peut se maintenir de lui-même dans l'air, à quelque distance de la Terre; il tombe sur-le-champ en se dirigeant selon une verticale. Tomberait-il s'il n'était attiré par la Terre? Le poids d'un corps placé dans l'air n'est donc que l'effort qu'il fait pour se réunir aux autres, et par conséquent ce poids provient de l'attraction. Donc aussi, puisque tous les corps pèsent plus ou moins, tous sont attirés par la Terre. Ils l'attirent aussi de leur côté; mais cela ne fait qu'accélérer leur chûte ou qu'augmenter leur poids. Supposez qu'un homme placé dans un bateau, tire à lui, au moyen d'un cordage, une maison située près du bord de la rivière; il ne pourra la changer de place, bien entendu, mais son effort suffira pour faire cheminer le bateau vers la rive. Qu'un autre homme placé dans la maison tire à lui le bateau au même moment; ce bateau glissera sur l'onde en vertu de son attraction sur la maison et de l'attraction que la maison exercera sur lui. Ainsi, le poids d'un corps ou sa tendance à tomber, est la somme des attractions de la Terre sur lui et de lui sur la Terre. C'est cette somme d'efforts qu'on appelle *pesanteur* ou *gravité*.

Après de nombreuses tentatives pour établir des principes simples qui expliquassent tous les faits d'astronomie connus, on est parvenu à trouver que ces faits supposent la gravité directement proportionnelle aux masses des corps, c'est-à-dire aux quantités de matière que ces corps renferment, et inversement proportionnelle aux quarrés des distances.

Ainsi, 1° lorsqu'un gros corps est en présence de deux petits dont l'un est double de l'autre en matière, la gravité est, pour le premier, double de ce qu'elle est pour le second. Si deux gros corps dont l'un est triple de l'autre en matière, se trouvent en présence d'un troisième corps plus petit, la force qui portera ce petit corps vers le premier des deux gros, sera triple de celle qui le portera vers le second.

2° Dès qu'on réduit la distance de deux corps à la moitié de ce qu'elle était, la gravité devient quadruple, parce que 4 est le quarré du dénominateur de $\frac{1}{2}$, et au contraire la gravité n'est plus que $\frac{1}{9}$ de ce qu'elle était, dès qu'on triple la distance, parce que le dénominateur 9 est le quarré de 3.

Vous verrez par la suite que ces deux lois ont créé l'harmonie qui existe aujourd'hui dans l'univers, qu'elles l'ont conservée jusqu'à nos jours et qu'elles la perpétueront éternellement.

11. *Pôles et points cardinaux.* Les deux points où la surface de la Terre est percée par son axe de rotation, se nomment *pôles*. Nous voyons le point du ciel, nommé *pôle céleste*, qui est situé verticalement au-dessus d'un des pôles terrestres, ou à l'intersection de la voûte bleue et de l'axe de là Terre prolongé. Pour le trouver., il faut connaître le groupe d'étoiles ou *constellation* appelée *Grande-Ourse* ou *Chariot*. Elle renferme 8 étoiles disposées comme le montre la fig. 9. Si vous prolongez la ligne *ba*, du côté de l'étoile *a*, et d'une longueur à peu près égale à la distance *ae*, vous arriverez très-près d'une assez belle étoile *p* fort voisine du point cherché. Aussi, cette étoile, dite *polaire*, ne paraît pas tourner comme les autres. Si vous l'observez pendant une belle nuit, vous la verrez constamment à la même place, pendant que plusieurs de celles qui l'entourent, sembleront circuler autour d'elle, et que les autres, plus éloignées, disparaîtront ou se *coucheront*. L'étoile polaire fait partie d'une autre constellation, la *Petite-Ourse;* elle forme l'extrémité de la queue.

Le pôle terrestre qui répond verticalement à l'étoile polaire, est dit *septentrional, boréal, pôle-nord*. Il est situé derrière nous quand nous regardons le Soleil à midi, ou quand nous nous tournons vers le point du ciel où se trouve cet astre à midi. Devant nous et diamétralement opposé au pôle boréal, se trouve alors le 2e pôle qui est dit *méridional, austral* ou *pôle-sud*, et que nous ne voyons pas. Ces dénominations viennent de ce qu'on appelle *sud* ou *midi* la direction dans laquelle se trouve le Soleil au milieu du jour, *nord* ou *septentrion* la direction opposée, et de ce que, d'après les romains, nous nommons parfois *borée* le vent du nord, *auster* le vent du midi.

La direction qu'a l'observateur à sa gauche, quand il regarde le midi, se nomme *orient* ou *est* (prononcez *este*); ces mots veulent dire côté du lever des astres. La direction qui est à la droite du même observateur, s'appelle *occident* ou *ouest* (prononcez *oueste*), parce que c'est le côté du coucher des astres.

Le nord, le sud, l'est et l'ouest sont ce qu'on nomme les 4 points *cardinaux* ou principaux.

12. *Équateur et méridiens*. Le grand cercle ABCM (F. 8) qui est perpendiculaire à l'axe de la Terre, et la divise en deux parties égales, est appelé pour cela *équateur*. On le nomme aussi *ligne équinoxiale*, parce que son plan renferme le centre du Soleil à l'époque où partout le jour égale la nuit. Tout grand cercle MM'' qui passe par les pôles P, est un *méridien*, parce qu'il est midi ou minuit pour ceux qui habitent sur ce cercle, quand son plan vient à contenir le centre du Soleil. Vous voyez donc qu'il n'y a qu'un équateur et qu'on peut tracer une infinité de méridiens sur le globe; chaque point de l'équateur a effectivement son méridien qui est commun à tous les points situés dans le même plan mené par l'axe P. Il s'ensuit que les pôles se trouvent sous tous les méridiens, et il semblerait que de là vous dussiez conclure qu'il est toujours midi ou minuit pour ces deux points. Mais cette conclusion serait fausse, ou du moins elle aurait besoin d'être interprétée. Vous verrez plus loin le régime particulier des jours et des nuits dans les régions polaires.

13. *Longueur de l'axe.* Vous concevez qu'on puisse marquer sur la Terre plusieurs points du même méridien : il suffit pour cela de jalonner une direction en prenant l'étoile polaire pour point de mire. Vous savez que la Géométrie donne les moyens de mesurer la distance entre deux points, dans toutes les circonstances possibles. Vous comprendrez donc aisément qu'on ait pu déterminer en toises la longueur d'un arc du méridien de Paris, par exemple. Or, lorsque la longueur et le nombre des degrés d'un arc de cercle sont connus, il est facile de calculer la longueur de la circonférence entière, puisqu'il y a proportion entre les degrés et les longueurs, de deux arcs quelconques (3). Par conséquent, il ne restait plus, pour connaître le tour de la Terre par les pôles, qu'à trouver le nombre de degrés de l'arc mesuré. Voici comment on s'y est pris.

Soient A, B deux points situés sur le même méridien C (F. 10). L'arc AB qui les sépare a autant de degrés que l'angle formé par leurs verticales CV, CV'. C'est donc cet angle qu'il s'agissait de déterminer. Pour cela, deux observateurs se sont placés aux points A, B; ils y ont établi, dans le plan du méridien, deux cercles gradués, munis de lunettes, et au moyen de ces instrumens, ils ont pris dans le même instant, les angles EAH, EBH' formés par les horizontales AH, BH' et les lignes de mire AE, BE dirigées vers une même étoile. Ces lignes peuvent être considérées comme parallèles, à raison de l'extrême éloignement de l'étoile; elles forment donc des angles correspondans égaux avec AH. Ainsi, l'angle EAH = EDH ou BDG opposé par le sommet. Mais, EBH' angle extérieur du triangle BDG, vaut l'angle BDG + G. Donc G = EBH' — BDG ou bien G = EBH' — EAH. Par conséquent, la différence des deux angles observés donne l'angle G. Elle donne aussi l'angle C des verticales, car G = C, puisque le premier de ces angles a pour côtés des horizontales qui, comme telles, sont perpendiculaires aux verticales CV, CV'.

L'application des principes simples qui viennent d'être rappelés, a fait trouver 9 000 lieues de 2 280 toises, pour la circonférence du méridien de Paris. On en a conclu, en divisant cette longueur par le rapport 3,1416 d'une circonférence à son diamètre, que l'axe de la Terre a 2 864 lieues et que le rayon du méridien est de 1 432 lieues.

14. *Diamètre de l'équateur.* Les mêmes opérations ont été faites pour l'équateur. Comme ce cercle coupe l'axe et tous les méridiens en deux parties égales et perpendiculairement, chacun de ses points se trouve à 90 degrés des pôles. L'angle formé par la verticale du pôle boréal et celle d'un point de l'équateur est donc de 90°, et telle est aussi alors la différence entre les angles donnés par une même étoile et deux horizontales. Or, si l'étoile visée est la polaire, la ligne de mire PE dirigée du pôle P (F. 11) est le prolongement de l'axe du globe. Elle est donc verticale et fait

un angle droit avec l'horizontale PH'. Par conséquent, l'angle compris entre l'horizontale du point A de l'équateur et la ligne de mire AE parallèle à PE, doit être nul, c'est-à-dire que cette ligne de mire est précisément l'horizontale. Ainsi, de tous les points de l'équateur on voit l'étoile polaire sur l'horizontale, ou selon l'expression ordinaire, on la voit à l'horizon, comme le Soleil quand il se lève ou quand il se couche. Il est donc très-facile de márquer une suite de points situés sur l'équateur et d'avoir en toises les distances qui les sépare.

Il est très-facile aussi de déterminer les nombres de degrés qui répondent aux distances mesurées. Deux observateurs munis de bonnes montres réglées l'une sur l'autre, se placent en deux points de l'équateur et notent les heures auxquelles une même étoile ou le Soleil passe à leurs méridiens. Si, par exemple, la montre de celui qui observe le premier, marque midi au moment du passage, et que la montre de l'autre marque midi 16', ils font cette proportion : puisque 360° passent en 24 heures devant le Soleil, combien de degrés passent en 16'. Elle donne 4 degrés pour réponse.

Vous voyez par là qu'on a pu obtenir la longueur de l'équateur tout aussi aisément que celle d'un méridien. Elle a été trouvée de 9039 lieues. Le diamètre de l'équateur a donc 2877 lieues, et son rayon 1438,5 lieues, 6 lieues et demie de plus que le rayon du méridien de Paris.

15. *Renflemens et dépressions.* La terre n'est donc pas parfaitement sphérique. Sa forme doit être assimilée à celle d'un ellipsoïde de révolution aplati, dont l'axe est le plus petit des deux axes de l'ellipse génératrice.

Prenez garde à la valeur du mot *assimilé :* il signifie seulement que notre globe *ressemble* à un ellipsoïde aplati, et non qu'il ait exactement la forme d'un tel corps. La mesure de quelques degrés sur divers méridiens a prouvé effectivement qu'en certains endroits, notamment dans l'*hémisphère* ou demi-globe austral, les plaines mêmes présentent des boursouflemens et des enfoncemens, tandis que sur une ellipse, la courbure diminue graduellement des extrémités du grand axe à celles du petit. Tirez par un point A (F. 12) une verticale qui fasse, avec le petit axe PP' d'une ellipse, un angle de 1° par exemple ; elle ira rencontrer ce petit axe en un certain point B. Faites, par une autre verticale, le même angle de 1° sur le grand axe QQ', vous obtiendrez un point de rencontre C beaucoup plus voisin de Q que B ne l'est de P, parce que la courbure est plus forte aux environs de Q qu'aux environs de P. Or, les arcs d'ellipse AP, QD peuvent, à cause de leur petitesse, être regardés comme des arcs de cercle décrits de B et de C. Les arcs d'un même nombre de degrés, pris sur l'ellipse, ont donc des rayons d'autant plus grands, qu'ils sont plus voisins des extrémités du petit axe. Mais, les longueurs des arcs d'un même nombre de degrés sont proportionnelles aux rayons. Les degrés de la partie aplatie P d'une ellipse, ont donc plus de longueur que ceux de la partie renflée Q.

L'existence du même fait sur la terre a bien été reconnue : les degrés du méridien mesurés près du pôle boréal, sont plus longs que ceux qui ont été mesurés près de l'équateur ; mais en d'autres points, des degrés qui auraient dû être aussi plus longs que les derniers, se sont trouvés un peu plus courts ou de même longueur. Cela indique évidemment des courbures, des renflemens plus prononcés qu'à l'équateur, ce qui n'a pas lieu sur un ellipsoïde. Ailleurs, au contraire, des degrés du méridien surpassent ou égalent en longueur ceux qui avoisinent le pôle boréal, tandis qu'ils devraient être plus courts. Il y a donc des parties plus aplaties que la région du pôle boréal. Néanmoins, on ne commet pas une grande erreur en donnant à la Terre la forme d'un ellipsoïde aplati.

16. *Concours des verticales.* Puisqu'un aplatissement de 6 lieues à chaque pôle empêche notre globe d'être exactement sphérique, il est clair que les verticales ne concourent pas toutes au centre. Mais les points où elles se coupent deux à deux sont si rapprochés de l'intersection des diamètres de l'équateur, qu'il y a rarement grande erreur à supposer qu'elles passent toutes par cette intersection.

Superficie et volume. Cette hypothèse facilite la détermination de la surface terrestre, car on peut la calculer comme celle d'une sphère qui aurait pour rayon 1 435 lieues, moyenne des deux demi-axes de l'ellipse méridienne. On trouve ainsi que la Terre présente une superficie d'au moins 25 877 045 lieues carrées. Si nous calculions le volume du globe d'après ce résultat, nous n'obtiendrions que 12 369 227 510 lieues cubes, tandis qu'en employant le cubage connu de l'ellipsoïde, c'est-à-dire en prenant les $\frac{2}{3}$ d'un cylindre qui aurait pour diamètre celui de l'équateur et pour hauteur le diamètre d'un méridien, nous trouverions 12 408 835 616 lieues cubes. La superficie terrestre est donc un peu trop petite, telle que nous l'avons déterminée. Mais on verrait de même qu'elle serait trop grande, si l'on employait le rayon de l'équateur au lieu du rayon moyen. Comme elle serait alors de 26 003 428 lieues carrées, vous voyez que sa véritable étendue est comprise entre celle-là et 25 877 045 lieues carrées.

Voulez-vous avoir une idée du poids de la Terre? Supposez-la entièrement composée de terre argileuse dont le décimètre cube pèse 1^k,6. Convertissez les 12 408 835 616 lieues cubes en mètres cubes, à raison de 4 444,4 mètres pour une lieue linéaire; changez en décimètres cubes, les mètres cubes que vous obtiendrez, et multipliez le résultat par 1^k,6; vous trouverez que le poids de notre globe en kilogrammes est à peu près exprimé par les 25 chiffres suivans 1 742 900 000 000 000 000 000 000^k.

Enfin, considerant la Terre comme une sphère d'un rayon égal à 1 435 lieues, vous pourrez résoudre ce curieux problème : Quelle est l'étendue de terrain dont tous les points reçoivent à plomb, en même temps, les rayons solaires ? Cette étendue est évidemment bornée par un cercle intersection de la surface terrestre et d'un cône ACB (F. 13) qui a son sommet au centre C de notre globe et enveloppe celui du Soleil ; car tout rayon AD situé hors de ce cône, ne passant point par le centre de la Terre, n'est pas dirigé selon une verticale, et par conséquent, ne tombe pas à plomb sur le point D. Or, EF diamètre du cercle dont il s'agit, est contenu dans la corde AB, que vous pouvez regarder comme égale au diamètre du Soleil, autant de fois que le rayon terrestre CE est contenu dans CA qui diffère très-peu de la distance de l'astre au centre de la Terre. Vous aurez donc la proportion : CA : CE :: AB : EF ou $33\,525\,322^l : 1\,435^l :: 315\,000^l : EF$ (2 et 3) et vous trouverez en calculant EF, que les rayons du Soleil tombent à plomb, au même moment, sur tous les points d'un cercle dont le diamètre est à peu près de 13 lieues et demie.

17. *Preuve de la rotation.* Le fait que je vous ai annoncé comme une preuve assez forte de la rotation du globe terrestre, est précisément l'aplatissement des régions polaires. Rien ne peut rendre raison en effet de ce changement de courbure, si l'on rejette le mouvement circulaire ; il est au contraire une conséquence toute simple du fait de la rotation, si l'on admet en outre que la Terre a été, n'importe à quelle époque, entièrement fluide ou seulement molle.

Force centrifuge. Faites tourner avec rapidité, autour d'une broche servant de diamètre, un cercle flexible, formé d'une lame d'acier par exemple, vous verrez bientôt ce cercle perdre sa courbure uniforme, s'aplatir vers les points où la broche le traverse et se renfler dans le milieu de ses deux moitiés. Ce qui produit cette forme, c'est la *force centrifuge* que fait toujours naître le mouvement circulaire, et en vertu de laquelle les parties du corps tournant tendent à *fuir le centre* ou l'axe, d'autant plus fortement qu'elles décrivent de plus grands cercles. Voyez la fronde : elle est toujours tendue en ligne droite, soit que la pierre descende vers la Terre, soit qu'elle remonte et s'en éloigne ; et ce qui maintient cette corde flexible en ligne droite, ce n'est pas autre chose, ce ne peut être autre chose que la tendance de la pierre à fuir la main, centre du mouvement.

La rotation du globe engendre donc une force dont l'effet serait d'éloigner de l'axe les parties constituantes de la Terre, si la pesanteur ne s'y opposait pas. A l'équateur, la force centrifuge s'exerce dans toute son énergie et dans un sens directement opposé à celui de la gravité ; vers les pôles, elle est faible, agit presque perpendiculairement à la gravité, et par conséquent, ne la diminue que fort peu. Les parties polaires, doivent donc tendre plus fortement vers le centre que celles de l'équateur : on a trouvé effec-- tivement qu'en prenant pour unité la tendance de ces dernières, on doit représenter par 1,00567 celle des premières. Vous concevez, d'après cela, que si la terre a été primitivement molle, les régions des pôles ont pu, ont dû même se rapprocher du centre et forcer les régions équatoriales à s'en écarter.

Ainsi, il sera prouvé que l'aplatissement résulte nécessairement de la rotation, et par suite que cette rotation est réelle, si l'adhérence des parties de la Terre a été antérieurement assez faible, pour leur permettre de se déplacer, de glisser les unes sur les autres, à peu près comme pourraient le faire celle d'une pâte molle. Or, la chaleur que possède encore l'intérieur du globe, les restes de nombreux volcans éteints, la formation des roches, les filons de métaux que renferment les fissures de ces roches, et une foule d'autres faits bien constatés, portent à croire que la Terre a passé par un état de fusion analogue à celle qu'éprouvent le sable dans les verreries et le minérai de fer dans les hauts-fourneaux. Bien entendu, les animaux ni les végétaux n'existaient pas alors.

18. *Variations de la force centrifuge.* Il est aisé de vous convaincre que la force centrifuge diminue en effet de l'équateur aux pôles où elle est nulle. Cette force est d'autant plus faible que la vitesse de rotation est moindre, et cette vitesse est le chemin parcouru dans un temps donné, en 24 heures, par exemple. Or, il est visible qu'un point A (F. 14) décrit, par suite de la rotation sur l'axe PP', un cercle dont le diamètre AB est bien plus petit que le diamètre CD de l'équateur.

Si nous supposons que CPDP' soit le méridien de notre ville et que AB représente le diamètre du cercle qu'elle décrit en 24 heures, l'arc CA est de 49° 7′ 6″, l'arc AP est, par suite, de 40° 52′ 54″ et le rayon AE de notre cercle parallèle à l'équateur, contient environ 939 lieues. Ce nombre s'obtient par l'application du principe énoncé et démontré page 8. Quant à l'indication de l'arc CA, vous avez vu (13) comment on la détermine. Cherchez maintenant la longueur de la circonférence dont le rayon est de 939 lieues; vous trouverez seulement 5900 lieues. Ainsi, tandis qu'un point de l'équateur, la ville de Quito dans le Pérou, par exemple, fait 9039 lieues en 24 heures, ou 377 lieues à l'heure, Metz située en A ne fait que 5900 lieues dans un jour, ou à peu près 246 lieues à l'heure.

Variations de la pesanteur. En outre, sur l'équateur, la force centrifuge agit selon la direction de la verticale OC, tandis que sur notre cercle parallèle, elle agit selon EA et non selon la verticale OA. Il y a donc deux raisons pour que dans notre pays le même fardeau cause plus de fatigue à l'homme ou au cheval, que dans les environs de Quito; il y en a même trois, puisqu'en raison de l'aplatissement, le rayon CO surpasse AO (10). Néanmoins, une chose qui pèse ici 3 kilogrammes, par exemple, a partout ailleurs le même poids, parce que la variation de la gravité affecte l'unité nommée kilogramme, comme elle affecte la chose pesée.

19. *Latitude.* L'arc AC du méridien compris entre un lieu et l'équateur, donne par son nombre de degrés, ce qu'on appelle la *latitude* de ce lieu. Ainsi, la latitude de Metz est de $49° 7' 6''$.

On pourrait déterminer la latitude d'un point quelconque de la Terre, par le procédé du n° 13; mais on emploie un moyen plus simple, fondé sur ce que les angles AOC, pHI ont leurs côtés perpendiculaires et sont par conséquent égaux (F. 15). L'angle pHI formé par l'horizontale AH du point A et le prolongement de l'axe terrestre PP', est ce qu'on nomme la hauteur du pôle céleste p au-dessus de l'horizon, ou simplement *la hauteur du pôle.* Aussi dit-on que *la latitude d'un lieu égale la hauteur du pôle en ce lieu là.* Il s'ensuit que pour déterminer la latitude d'un point A, il suffit de prendre l'angle formé par l'horizontale AH de ce point, et la ligne de mire Ap dirigée au pôle céleste; car, en raison de l'immense éloignement de p, Ap est parallèle à Pp et fait avec AH un angle pAH égal à pHI hauteur du pôle.

Mais, on ne peut guère diriger avec précision une ligne de mire vers le pôle céleste que rien n'indique exactement. Pour éluder cette difficulté, on prend une moyenne entre la plus grande et la plus petite hauteur de l'étoile polaire ou de toute autre étoile constamment visible; c'est-à-dire une moyenne entre les hauteurs EAH, E'AH que donne une même étoile E, quand on l'observe deux fois de suite, en 24 heures, dans le méridien du point A; et cette moyenne est précisément égale à l'angle pAH. Une étoile toujours visible semble en effet décrire un cercle autour de l'axe Pp, et elle occupe les extrémités d'un diamètre EE' de ce cercle, pendant ses deux passages journaliers au méridien du lieu de l'observation. Or, à cause des énormes distances où ces deux positions sont de A, EA peut être considérée comme égale à E'A. Par conséquent, la droite Ap qui aboutit au milieu p du diamètre EE', partage l'angle EAE' en deux parties égales, ou bien pAE' est la demi-différence des angles EAH, E'AH. Il s'ensuit que pAH est la demi-somme ou la moyenne des deux mêmes angles, puisqu'il suffit d'ajouter le plus petit de deux nombres à leur demi-différence pour avoir leur moyenne. Ajoutez, par exemple, 3 à la moitié de sa différence 4 au nombre 7, vous aurez $3 + 2 = 5$ qui est précisément la moitié de $3 + 7$ ou de 10.

Vous voyez donc que la latitude peut être déterminée au moyen de deux observations faites dans le lieu même, ce qui est plus simple que d'employer deux observations faites en deux points différens, comme le prescrit le n° 13, pour trouver le nombre de degrés d'un arc de méridien.

Vous voyez aussi que c'est la latitude qui indique sur quel cercle parallèle à l'équateur se trouve une ville ou tout autre point de la surface terrestre. Cependant, il faut savoir en outre si cette latitude est boréale ou australe, c'est-à-dire si elle doit être comptée du côté du pôle boréal, ou du côté du pôle austral. Pour Metz, par exemple, on devrait dire qu'elle a $49°\ 7'\ 6''$ de latitude boréale.

20. *Longitude.* La latitude ne suffit pas pour déterminer la position d'un lieu sur le globe, car tous les points d'un même parallèle à l'équateur ont la même latitude. Afin de distinguer parmi tous ces points celui qu'on veut indiquer, on en fait connaître le méridien, par le nombre de degrés de l'équateur ou du cercle parallèle compris entre ce méridien et un autre choisi à cet effet. Ce nombre de degrés est ce qu'on entend par *longitude*, et l'on nomme *premier méridien* celui à partir duquel on les compte. La longitude de Metz, par exemple, est de $3°\ 51'$, parce qu'il y a $3°\ 51'$ sur l'équateur CD ou sur le *parallèle* AB (F. 15), entre notre méridien et celui de l'observatoire de Paris, qu'on prend en France pour premier méridien.

Vous concevrez facilement que le procédé du n° 14 peut donner la longitude d'un lieu : il suffit de placer l'un des deux observateurs sous le méridien de ce lieu et l'autre sous celui de Paris.

21. *Horizon sensible et niveau.* Lorsqu'il a été question tout-à-l'heure de la hauteur du pôle sur l'horizon, vous avez dû comprendre que cet horizon est un plan horizontal tangent en A au globe terrestre (F. 15). Ce plan donne le *niveau apparent*, c'est-à-dire que tous ses points sont *en apparence* de niveau. Le *niveau réel* est donné par le cercle ACP'DP, ou par tout autre cercle passant au point A, car pour que deux points soient réellement de niveau, il faut que leurs distances au centre O de la Terre soient égales.

Cependant, si la distance entre deux points n'est que de quelques toises, leur niveau apparent devient leur niveau réel, parce que dans cette étendue le plan horizontal se confond sensiblement avec la surface du globe. On peut faire voir en effet que pour qu'il y ait seulement une ligne de différence entre les distances de deux points A, B au centre C de la Terre (F. 16), il faut que ces points se trouvent à environ 87 toises l'un de l'autre (*).

(*) Le triangle rectangle BAC donne

$$\overline{BC}^2 = \overline{AB}^2 + \overline{AC}^2 \quad \text{ou} \quad \overline{AB}^2 = \overline{BC}^2 - \overline{AC}^2.$$

Représentons AB par x, AC par r et BD par k; BC égalera $r + k$ et la dernière égalité deviendra

$$x^2 = (r + k)^2 - r^2 = r^2 + 2rk + k^2 - r^2 = 2rk + k^2.$$

Il en résulte $\qquad x = \sqrt{2rk + k^2}.$

Convertissant en lignes la valeur moyenne de r qui est 1435 lieues de

22. *Horizon rationnel.* Il y a deux horizons pour chaque point A du globe (F. 17) : l'un est formé par le plan tangent AB, perpendiculaire à la verticale AC ; on le nomme *horizon sensible*, parce qu'on aperçoit toujours de A le cercle selon lequel il rencontre la voûte bleue, ou le cercle selon lequel la Terre semble toucher le ciel. L'autre horizon est un plan CD parallèle au précédent, qui contient le centre C de la Terre et se prolonge jusqu'aux astres ; il est appelé *horizon rationnel,* parce que la raison, l'esprit le conçoit, sans que les yeux puissent le voir.

Les objets qui se meuvent sur le globe terrestre ne deviennent visibles du point A qu'au moment où leur extrémité supérieure s'élève au-dessus de l'horizon sensible AB. Ainsi, pour qu'on aperçoive de A un vaisseau qui se trouve en E, il faut au moins que ses plus hautes voiles se montrent au-dessus du plan AB ; jusque-là on ne le voit pas, bien qu'il soit au-dessus du plan CD. Mais, il n'en est pas de même des astres : à cause de leur immense éloignement, on les voit de A, dès qu'ils se trouvent au-dessus de l'horizon rationel : la distance AC des deux plans AB, CD, quoiqu'égale au rayon de la Terre, n'est rien en comparaison des millions de lieues qui nous séparent des astres ; ou bien deux plans AB, CD qui ne sont écartés que de 1 435 lieues en A, peuvent se couper à 33 millions de lieues et être néanmoins sensiblement parallèles. De sorte, qu'un astre se trouve au-dessus de l'horizon sensible, dès qu'il est au-dessus de l'horizon rationnel.

Lever et coucher des astres. Le Soleil se lève donc pour le point A, au moment même où, par suite de la rotation de la Terre, l'horizon rationnel CD passe au-dessous de l'astre ; le coucher a lieu, au contraire, quand le même plan passe au-dessus.

Mais, pourquoi est-ce précisément le plan nommé horizon rationnel qui détermine le lever et le coucher des astres ? Pourquoi n'est-ce pas un plan parallèle plus ou moins éloigné de l'horizon sensible ? Vous allez le savoir.

Le Soleil S éclaire constamment une partie de la Terre T (F. 18) et cette partie change à chaque instant, par suite de notre rotation ; mais elle est toujours déterminée par le cône ACB dont les génératrices droites sont des rayons lumineux à la fois tangens au Soleil et à la Terre. Or, la ligne de contact de ce cône et de notre globe est un cercle qui a pour diamètre la corde DE menée par les contacts des rayons extrêmes AC, BC. C'est donc un cercle qui sépare la partie éclairée de celle qui ne l'est pas, la partie où il fait jour de celle où il fait nuit, et ce cercle est perpendiculaire à la

---

2 280 toises, nous trouverons 2 826 835 200^{lig}. Si donc BD est d'une ligne,

$k = \dfrac{r}{2\,826\,835\,200}$. La substitution de cette valeur de k dans l'équation

$x = \sqrt{2rk + k^2}$ fait trouver pour x, $\frac{1}{26}$ de lieue ou 87 toises.

4

droite des centres ST ; de plus, son diamètre égale celui de la Terre, ou bien son plan passe par le centre T.

Ligne de séparation du jour et de la nuit. Pour prouver cette dernière assertion, il suffit de faire voir que les rayons AC, BC peuvent être considérés comme parallèles ; car alors le cône ACB se change en cylindre, et vous savez qu'une sphère ne peut être touchée par un cylindre, que selon un de ses grands cercles. Or, le point de concours C des tangentes communes aux deux cercles S, T, est aussi celui des droites qui joignent les extrémités de diamètres parallèles ; FG passera donc par C, et si FC, SC peuvent être regardées comme parallèles, il en sera de même de AC, SC, de BC, SC, et par conséquent de AC, BC.

La proportion FS : GT :: SC : TC fournit cette autre FS : FS — GT :: SC : SC — TC. Le demi-diamètre du Soleil FS = 157 500[li] ; le rayon moyen de la Terre GT = 1 435 lieues ; SC — TC = ST distance de notre globe au Soleil et cette distance est de 33 500 000[li]. On a donc 157 500 : 156 065 :: SC : 33 500 000 lieues, ce qui donne SC = 33 801 500 lieues. Ainsi, les rayons de lumière qui enveloppent la Terre, vont se couper à 33 801 500 lieues du Soleil. N'est-ce pas comme s'ils étaient parallèles ? Au reste, cherchons combien de fois cette énorme distance contient le demi-diamètre FS du globe solaire ou 157 500 lieues. Nous trouverons 214 fois environ. La distance des cercles GT, DE contiendra donc aussi 214 fois l'excès de GT sur la moitié de DE, et cet excès serait au plus de 7 lieues, si la distance des cercles pouvait être égale au rayon moyen 1 435 lieues. Or, il s'en faut de beaucoup que cette égalité existe, car elle supposerait que DE est nul ou que AC, BC touchent la Terre au point H. Par conséquent, la différence entre la moitié de DE et le rayon GT de notre globe est réellement insignifiante, et nous pouvons dire que la ligne qui sépare le jour de la nuit, est un grand cercle de la Terre.

Maintenant, supposez le centre du Soleil en S (F. 19). Le cercle qui séparera le jour de la nuit, sera représenté par la droite EF perpendiculaire à la droite CS des centres, et pour nous qui sommes, par exemple, en A, il fera nuit. Hé bien ! je dis que nous commencerons à voir le Soleil dès que le plan de notre horizon rationnel CD coupera cet astre. Alors, effectivement, le plan CD contiendra la droite CS et sera perpendiculaire au plan EF ; le plan de l'horizon sensible AB, toujours parallèle à CD, se trouvera aussi perpendiculaire au plan EF, et du point C on pourra abaisser dans le plan EF une perpendiculaire sur le plan AB. Or, la verticale AC ne cesse pas d'être perpendiculaire à l'horizon sensible AB ; elle le sera donc encore, quand ce plan sera perpendiculaire à EF, et comme du même point C on ne peut abaisser sur le plan AB qu'une seule perpendiculaire, nécessairement AC se trouvera dans le plan EF, au moment même où AB, CD deviendront perpendiculaires à ce plan, c'est-à-dire au moment où le plan CD rencontrera le disque solaire. Mais, pour que AC soit dans le plan EF, il faut évidemment que A qui décrit le cercle AG soit à l'intersection A' de ces deux cercles. Donc enfin, tout point A de la Terre arrive dans la partie éclairée, à l'instant où son horizon rationnel CD rencontre le disque du Soleil, et c'est, par suite, cet horizon qui détermine, pour ce point, le lever et le coucher des astres, car évidemment nous dirions de chaque étoile et même de la Lune, tout ce que nous venons de dire du Soleil.

23. *Variations de l'aspect du ciel.* Ainsi, en quelque point du globe qu'un homme soit placé, il voit, dans un instant donné, toute la partie de la voûte céleste qui se trouve au-dessus de son horizon rationnel, et celle qui est au-dessous, se dérobe pour le moment à ses regards. Comme ces deux parties forment évidemment chacune la moitié du tout, nous ne voyons jamais à la fois que la moitié du ciel, et il n'y en a jamais plus de la moitié de cachée à nos yeux.

Mais, dans la moitié du firmament visible d'ici, il y a des points, des étoiles que nous voyons toujours, et dans la partie invisible se trouvent des étoiles que nous ne voyons jamais. Les premières sont celles qu'embrasse le cône engendré par la révolution de notre horizontale AB ou CD autour de l'axe CP (F. 20). Comme notre horizon rationnel est constamment tangent à ce cône, il ne peut jamais passer, par rapport à nous, au-dessus des étoiles situées en dedans, et ces étoiles ne se couchent jamais; voilà pourquoi nous voyons toujours l'étoile polaire et même toute la constellation de la Grande-Ourse. La partie du ciel que nous n'apercevons point de notre position A, est celle qu'embrasse le cône engendré par la révolution de AB' ou CD'. Notre horizon rationnel, tangent à ce cône pendant toute la rotation de la Terre, reste constamment, par rapport à nous, au-dessus des étoiles situées en dedans, et ces étoiles ne se lèvent jamais. Or, les deux cônes sont parfaitement égaux; par conséquent, la partie du ciel que nous pouvons contempler sans cesse, est tout-à-fait de même étendue que celle qui ne peut s'offrir à nos regards.

Vous devez présumer, d'après cela, que l'aspect du firmament n'est pas le même pour tous les points de la Terre : des uns on voit des étoiles qu'on n'aperçoit jamais des autres. Au pôle P, par exemple, dont l'horizon rationnel est l'équateur EE', on découvre toujours toutes les étoiles situées au-dessus de ce cercle, ou la moitié supérieure du ciel; l'autre moitié est constamment invisible, parce que le plan EE' reste perpendiculaire à l'axe pp' pendant toute la rotation du globe. Au pôle austral P', c'est le contraire : la moitié toujours visible est celle qui est invisible du pôle boréal P et la moitié invisible est celle qui apparaît sans cesse aux habitans du point P, si ce point est habité, ce qu'on ne sait pas. Ainsi, du pôle P' on ne pourrait voir la Grande-Ourse.

Pour les points de l'équateur EE', il n'y a point d'étoiles toujours visibles ou toujours invisibles ; car l'horizon rationnel de chacun de ces points contenant l'axe pp', est un plan méridien, et comme tel il passe alternativement par les centres de tous les astres, en 24 heures. Tous doivent donc se lever et se coucher ; tous doivent successivement apparaître pendant 12 heures, et disparaître pour le même temps. Il s'ensuit qu'à l'équateur les jours sont éternellement égaux aux nuits.

24. *Réfraction atmosphérique.* En réalité, nous voyons le Soleil un peu avant que notre horizon rationnel coupe son disque ; nous l'apercevons même tout entier qu'il est encore au-dessous de ce plan. Cet effet provient de la courbure que prennent les rayons lumineux en traversant obliquement l'atmosphère terrestre, et cette courbure est due à un phénomène auquel donne lieu l'attraction des corps sur la lumière et qu'on désigne par le mot *réfraction*.

La réfraction est le brisement ou le changement de direction que subit la lumière, quand d'un corps elle pénètre obliquement dans un autre dont le poids spécifique est plus ou moins grand. Si le rayon AB passe de l'air dans un prisme de verre ou d'eau CD (F. 21), il se rapproche de la perpendiculaire BE à la face supérieure du prisme, et suit une direction BF. Lorsqu'il sort du prisme pour rentrer dans l'air, il s'écarte de la perpendiculaire FG à la face inférieure, et suit une direction FH parallèle à AB.

Vous pouvez reconnaître très-facilement par vous-mêmes que la réfraction n'est point une chimère. Plongez dans l'eau, à moitié, un bâton bien droit ; il vous paraîtra brisé au point où il atteindra le liquide, si vous le regardez de côté, ou bien, ce qui est la même chose, la partie noyée vous semblera plus voisine de la surface qu'elle ne l'est réellement. D'où ce phénomène peut-il provenir, si ce n'est de ce que la lumière, renvoyée obliquement par la partie plongée, fait un angle en passant de l'eau dans l'air et se rapproche réellement de la surface, comme FH, pour aller du point où elle sort à votre œil ?

Les rayons solaires SA qui entrent obliquement dans l'air dont la Terre est entourée (F. 22), doivent donc se rapprocher de la perpendiculaire OA à la surface sphérique de cet air, car jusque-là ils ont traversé en ligne droite un espace rempli d'un fluide nommé *éther* dont le poids spécifique doit être bien moindre que celui de l'air, puisque ce fluide se tient au-dessus de l'atmosphère. Mais, l'air étant d'autant plus pesant qu'il est pris plus près de la Terre, peut être considéré comme composé d'un grand nombre de couches sphériques, concentriques et très-minces dont le poids spécifique augmente à mesure que la distance au centre O diminue. La nouvelle direction AB des rayons lumineux se rapprochera donc aussi de la verticale OB, lorsque ces rayons pénétreront dans une seconde couche. En passant dans la troisième, ils se rapprocheront encore de la verticale OC, et finiront par arriver à l'œil d'un homme placé en E, bien que leur direction primitive SAF soit fort éloignée de passer par ce point.

Influence de la réfraction sur la durée du jour. Ainsi, l'effet de la réfraction atmosphérique est bien de courber les rayons solaires. Mais rien ne nous avertit de leur courbure, et l'œil habitué a recevoir l'impression de la lumière en ligne droite, place nécessairement l'objet lumineux sur la tangente menée à la courbe par le point E. Le Soleil nous paraît donc être en S', quand il n'est encore qu'en S (F. 23); de sorte qu'à nos yeux il semble toujours plus élevé au-dessus de l'horizon, qu'il ne l'est effectivement.

Quand une étoile toujours visible est au *zénith*, c'est-à-dire verticalement au-dessus de la tête d'un observateur, ses rayons arrivent perpendiculairement aux couches atmosphériques et n'éprouvent point de réfraction. On peut donc prendre avec exactitude l'angle formé par la ligne de mire dirigée à cette étoile et la ligne de mire dirigée au pôle céleste. Douze heures après, la même étoile passe de nouveau dans le méridien, mais cette fois elle est au-dessous du pôle céleste, et néanmoins toujours à la même distance de ce point, puisque les positions respectives des étoiles ne changent jamais. Alors ses rayons traversant l'atmosphère obliquement, se courbent, et leur courbure diminue l'angle des deux lignes de mire. La différence entre les deux angles observés apprend donc de combien la réfraction a élevé l'étoile dans sa dernière position.

C'est en prenant ainsi les angles de réfraction pour des étoiles situées à différentes hauteurs (19), qu'on a pu découvrir la loi selon laquelle la réfraction augmente du zénith où elle est nulle, jusqu'à l'horizon où elle atteint sa plus grande limite. Cette loi a montré qu'au lever et au coucher du Soleil, cet astre nous paraît plus élevé de 33' ou de 1980'' qu'il ne l'est en effet. Or, son diamètre apparent (3) n'est que de 1923'',3. Par conséquent, le lever est terminé pour nous, quand il n'est réellement que sur le point de commencer, et le coucher est entièrement effectué, quand le disque solaire nous semble ne pas toucher encore l'horizon. Il en résulte que nos jours sont plus grands d'un demi-quart d'heure, que géométriquement ils ne devraient l'être.

25. *Influence de la réfraction sur la forme des astres.* C'est aussi la réfraction qui produit la forme ovale qu'ont le Soleil et la Lune près de l'horizon : elle n'altère point et ne peut évidemment altérer le diamètre apparent horizontal; mais elle diminue sensiblement le vertical AB (F. 24). Les rayons partis des extrémités de ce dernier, se courbent pour arriver en C, et par suite, ces extrémités nous paraissent en A', B' sur les tangentes A'C, B'C aux courbes AC, BC. Or, le rayon parti de B pénétrant plus obliquement dans l'atmosphère que le rayon émané de A, subit une plus forte réfraction, et l'angle BCB' est plus grand que

l'angle ACA′. Si donc on retranche de chacun l'angle ACB′, le reste BCA de BCB′ surpasse le reste B′CA′ de ACA′, ce qui montre que le diamètre apparent vertical AB, vu en A′B′ doit nous paraître raccourci et moindre que le diamètre horizontal.

26. *Aurore et crépuscule.* L'aurore qui précède le lever du Soleil et le crépuscule ou la clarté qui suit le coucher, sont encore des effets de la réfraction, mais de la réfraction combinée avec un autre phénomène appelé *réflexion.*

Quand un corps n'attire pas assez la lumière pour l'absorber entièrement, comme font les substances noires, la partie qui ne peut pénétrer dans ce corps, rejaillit, *se réfléchit,* de même qu'une bille contre une bande de billard, en faisant, avec la perpendiculaire à la surface, un angle égal à celui de sa direction primitive.

Supposez donc le Soleil S de beaucoup au-dessous de l'horizon du point A (F. 25). Un de ses rayons, après avoir traversé une partie de l'atmosphère et s'y être réfracté, ira frapper vers B la dernière couche d'air, en faisant l'angle SBP avec la verticale BP. Une portion de ce rayon passera au-delà de B, mais une autre se réfléchira en formant de l'autre côté de BP un angle égal à SBP. Si donc cet angle et la position de B sont tels que la nouvelle direction, après avoir été courbée aussi par la réfraction, passe par A et y ait une tangente horizontale, le spectateur placé au point A jouira de l'aube du jour ou de la dernière lueur du crépuscule : il verra une lumière blanche à l'horizon, quoique le lever du Soleil soit encore éloigné, ou bien la nuit ne sera point close, quoique le coucher ait eu lieu depuis un certain temps.

Ainsi, non-seulement l'air sert à l'homme pour vivre et pour parler, mais encore il l'empêche de passer brusquement des ténèbres à une vive clarté, et du grand jour à une profonde nuit.

27. *Hauteur de l'atmosphère.* C'est la durée de l'aurore ou celle du crépuscule qui a fait connaître la hauteur de l'atmosphère terrestre. Ayant apprécié le temps qui s'écoule à l'équateur entre le point du jour et le moment où le centre du Soleil est dans le plan de l'horizon, on a trouvé $1^h 12'$ ou $1^h,2$, et au moyen de la proportion $24^h : 360° :: 1^h,2 : x$, on a vu que l'astre est encore à 18° au-dessous de l'horizon rationnel, quand l'aube commence. Comme alors le premier rayon solaire est tangent en C (F. 25), qu'à l'instant du lever il sera tangent en A, et que l'arc décrit par le contact doit évidemment égaler celui que décrit l'horizon méridien en s'abaissant, la partie AC du cercle P de l'équateur est aussi de 18°. Par conséquent, AD qui égale CD, est de 9°, et l'angle ABP = 81°, puisque l'angle A est droit. La proportion démontrée dans la note de la page 8, a donc permis de calculer la longueur de BP. Cette longueur diminuée de DP rayon de

l'équateur (14), a donné BD distance de la Terre à la première couche d'air réfléchissante, et tout calcul fait, on a obtenu environ 25 lieues pour la hauteur BD de l'atmosphère sensible.

28. *Influence de la réfraction sur la lumière des astres.* Ainsi, en un point quelconque du globe, on se trouve verticalement à 25^{li} de la limite supérieure de l'atmosphère. Mais, horizontalement on en est à une distance AB beaucoup plus grande (F. 25). Le triangle rectangle BAP montre que AB égale la racine de l'excès du quarré de BP ou $1438^{li} + 25^{li}$ sur le quarré de AP ou 1438^{li}, et le calcul de cette racine apprend que $AB = 269$ lieues environ.

Il y a donc une différence de 244 lieues entre les distances où nous sommes horizontalement et verticalement, des bornes de l'atmosphère. C'est cette grande différence qui, rendue sensible par l'absence de tout objet intermédiaire dans la direction verticale, nous fait paraître surbaissée la voûte céleste. C'est elle aussi qui produit le changement d'intensité et de couleur qu'éprouve la lumière du Soleil ou de la Lune à l'horizon. Vous savez en effet qu'au lever et au coucher, on peut regarder le premier de ces astres sans être ébloui, que le second répand beaucoup moins de clarté qu'au méridien, et que tous deux sont rougeâtres. Cela provient de ce qu'alors leurs rayons parcourant, pour nous parvenir, 269 lieues dans l'air et selon une direction très-oblique aux couches atmosphériques, sont fortement décomposés et affaiblis par la réfraction qu'ils éprouvent et la dispersion qui en est la suite : leur partie rouge nous arrive presque seule ; celles qui ont les autres teintes de l'arc-en-ciel, ne viennent que plus tard s'y mêler et former la lumière blanche.

Vers midi, les mêmes causes existent encore par rapport à notre pays où le Soleil ne se montre jamais au zénith ; mais elles sont beaucoup plus faibles, attendu que les rayons solaires ne parcourent pas alors, terme moyen, 37 lieues dans l'air, et que leur direction est bien moins écartée de notre verticale. Ajoutez qu'au milieu du jour l'atmosphère est plus pure, moins brumeuse, qu'au matin et au soir, et que l'effet des vapeurs est d'affaiblir la lumière qui les traverse. Il suffit effectivement d'un brouillard pour nous dérober le Soleil.

29. *Raison des bornes de l'atmosphère.* Demandons-nous maintenant pourquoi les couches atmosphériques qui enveloppent la Terre, n'ont que 25 lieues d'épaisseur. Il semble qu'en vertu de la force centrifuge et de l'élasticité de l'air, ces couches devraient s'étendre indéfiniment et finir même par se dissiper dans l'espace immense qui nous sépare des astres. Mais la suprême sagesse a rendu impossible la fuite d'un fluide qu'elle avait donné pour aliment à la vie des créatures terrestres. Le ressort de l'air, comme celui de tous les corps élastiques, ne se manifeste que sous une certaine pression ; il est nul quand la charge devient insuffisante.

Par conséquent à une certaine hauteur, les couches atmosphériques très-faiblement comprimées par celles qui les enveloppent , n'ont plus en elles-mêmes le pouvoir de s'étendre ; et comme d'ailleurs cette hauteur est assez petite pour que la gravité l'emporte encore sur la force centrifuge, notre atmosphère ne peut éprouver aucune perte.

Révolution annuelle de la Terre.

30. *Nécessité de ce deuxième mouvement.* La rotation de la Terre rend parfaitement raison des changemens de position que le Soleil semble éprouver en 24 heures par rapport aux étoiles, lorsqu'on observe le ciel à l'aide d'un télescope , car puisque nous tournons d'occident en orient, nous devons, après avoir de notre position A rapporté le Soleil S à une étoile B (F. 26), le rapporter à une autre B′, quand nous sommes en A′, et à une troisième B″, quand nous sommes en A″ ; autrement dit, cet astre doit nous paraître tourner autour de la Terre d'orient en occident.

Mais, la rotation ne peut pas expliquer les changemens de position qui ont lieu dans le cours de l'année : ce n'est pas parce que nous tournons autour de l'axe du globe, que dans quelques jours le Soleil cachera vers midi une étoile différente de celle qu'il cache aujour-d'hui. La rotation de la Terre sur l'axe P ne saurait empêcher de voir chaque jour, à la même heure, le Soleil couvrir l'étoile B′, par exemple. Or, il est de fait qu'après avoir rapporté le centre S en B′ à midi , nous le rapportons en un point *b* , au bout de quelques jours et au même moment ; c'est seulement quand l'année est révolue que nous voyons de nouveau S couvrir B′ à midi. Qu'elle est la cause de ce phénomène ?

Il faut de trois choses l'une : que les étoiles tournent autour de la Terre, d'orient en occident, en une année, tandis que ce globe et celui du Soleil restent fixes , ou que le Soleil tourne lui-même autour de nous , d'occident en orient, en une année, tandis que les étoiles restent fixes, ou enfin que la Terre tourne autour du Soleil , d'orient en occident, en une année , tandis que cet astre et les étoiles restent fixes. L'un ou l'autre de ces mouvemens explique comment la droite PA′S passe par *b*, après avoir passé par B′ : si ce sont les étoiles qui tournent de gauche à droite, *b* vient remplacer B′ ; si c'est le Soleil qui chemine de droite à gauche, le méridien PA′S tourne en même temps et aboutit successivement en B′, *b* , etc. ; si enfin, c'est la Terre qui s'avance de gauche à droite, le centre P passe en *p* , le méridien devient *pa*S et va rencontrer le firmament selon une courbe dont *b* fait partie. Mais , pour que ces trois mouvemens ramènent tous la Terre , le Soleil et l'étoile B′ dans la même ligne droite PA′SB′, en un an , il faut en outre que la vitesse convienne au parcours du cercle décrit. Cherchons donc quelle doit être cette vitesse pour chacun.

Les étoiles les plus brillantes sont à une distance de la Terre

100 mille fois aussi grande que celle du Soleil. Les moins brillantes sont 1000 fois plus éloignées encore, et leur distance est par conséquent de cent millions de fois 33 millions de lieues ou de 33 centaines de trillions de lieues. Le cercle qu'elles parcourraient en un an aurait donc au moins 207 centaines de trillions de lieues; il faudrait qu'en un jour elles parcourussent 56 trillions de lieues et qu'en une heure, elles fissent plus de 2 trillions de lieues. Une telle vitesse est-elle admissible? Ne confond-elle pas l'esprit de l'homme?

La révolution du Soleil autour de la Terre et celle de la Terre autour du Soleil, donnent des cercles dont le rayon est de 33 millions de lieues et qui contiennent par conséquent 207 millions de lieues. L'un et l'autre globe feraient donc seulement 561 milliers de lieues par jour ou à peu près 23 mille lieues par heure. C'est beaucoup, sans doute, et pourtant cette vitesse n'est que la cent millionième partie de celle qui serait nécessaire aux petites étoiles.

La raison veut donc qu'on admette la révolution annuelle du Soleil ou celle de la Terre et qu'on rejette celle des étoiles. Ce rejet a d'ailleurs un autre motif plus puissant encore, s'il est possible. Les étoiles conservant toujours, à très-peu près, les mêmes positions, les unes par rapport aux autres, il faudrait, si elles tournaient autour de nous, que leurs différentes vitesses fussent parfaitement proportionnées à leurs divers éloignemens de la Terre; il faudrait que ces innombrables astres circulassent avec l'ensemble qu'auraient les mouvemens de points brillans fixés à la surface interne d'une sphère creuse et solide qui tournerait sur un axe. Une telle précision, une pareille harmonie, une dépendance aussi rigoureuse sont-elles possibles, entre une infinité de corps situés à des centaines de millions de lieues les uns des autres? On peut du moins affirmer que le système où elles sont nécessaires, est beaucoup plus compliqué, beaucoup moins compréhensible qu'un système fondé sur la révolution annuelle d'un seul corps.

Mais, admettant la fixité des étoiles, sera-ce au Soleil ou à la Terre qu'on fera parcourir en un an le cercle de 207 millions de lieues? Il est certainement plus simple, plus rationnel d'attribuer la vitesse de 23 mille lieues par heure à notre globe dont le volume n'est pas la millionième partie de celui du Soleil. En outre, tous les corps célestes analogues à la Terre tournent autour de l'astre qui leur donne le jour, ce fait sera prouvé plus loin, et les étoiles ont en apparence un petit mouvement qu'il est impossible d'expliquer, si l'on suppose la Terre fixe, mais dont on rend parfaitement raison en admettant qu'elle tourne en un an autour du Soleil. Voilà de bien graves motifs pour regarder comme une vérité cette dernière hypothèse. Vous verrez qu'il en est d'autres encore; je puis même dire que tout ce qu'il me reste à vous apprendre, forme une preuve continue de la révolution annuelle de la Terre autour du Soleil, comme tout ce que vous avez précédemment appris, atteste la réalité de la rotation diurne.

5

Ainsi, notre globe est animé de deux mouvemens simultanés : l'un sur son axe, en vertu duquel tous ses points parcourent 360° en 24 heures; l'autre autour du Soleil, par lequel l'axe parcourt 360° en une année. La toupie qu'un enfant a lancée de manière à la faire circuler autour de lui, vous offre ce double mouvement, car elle tourne sur elle-même pendant qu'elle décrit son cercle. Seulement, la rotation de la toupie est plus rapide que sa translation, tandis que pour la Terre c'est le contraire.

31. *Causes du double mouvement de la Terre.* C'est la gravité qui cause le mouvement circulaire de la Terre autour du Soleil. La bombe que lance un mortier, part en ligne droite, sous un angle de 45°; mais à peine est-elle sortie de la bouche à feu qu'elle obéit à son poids, à l'attraction du globe, en même temps qu'elle continue d'être poussée par l'impulsion qu'a produite l'explosion de la poudre. Pendant que cette impulsion la transporte de la verticale A à la verticale B (F. 27), la pesanteur la fait descendre; de sorte qu'au lieu de passer par B, comme elle le ferait si elle n'était soumise qu'à l'impulsion en ligne droite, elle passe réellement par le point C situé plus bas. De la verticale B à la verticale D, elle éprouve un nouvel abaissement, et au lieu de parvenir au point D, elle arrive en E situé non-seulement au-dessous de D, mais encore au-dessous de F que donne le prolongement de la droite AC. Ainsi, de verticale en verticale, la bombe change continuellement de direction et décrit, par conséquent, une ligne courbe ACEG au lieu d'une ligne droite AD.

La terre est absolument dans le même cas que la bombe, si nous admettons qu'elle ait reçu primitivement du Créateur une impulsion en ligne droite; car puissamment attirée par le Soleil qui est un million de fois plus volumineux, elle doit tendre sans cesse à *tomber* vers cet astre. La route droite qu'elle devait suivre, s'est donc nécessairement changée en route courbe, comme celle de la bombe.

Mais, direz-vous, la bombe finit par atteindre la Terre, pourquoi notre globe n'est-il pas depuis long-temps arrivé sur le Soleil? Pourquoi? Parce que la force centrifuge (17) qui résulte de sa primitive impulsion ou d'une vitesse qui lui ferait parcourir 23 mille lieues par heure en ligne droite, comme il les parcourt en ligne courbe, cette force centrifuge est beaucoup plus grande que celle de la bombe, car ce projectile sortant du mortier avec une vitesse d'environ 363 pieds par seconde, ferait au plus 95 lieues en une heure. L'exemple de la fronde nous montre en effet que pour établir un mouvement circulaire et le rendre permanent, il suffit d'une vitesse d'impulsion ou d'une force centrifuge qui ne permette pas à la pierre d'obéir à son poids, et qui pourtant ne puisse rompre la corde. Si la corde rompait, la pierre s'échaperait selon la tangente au point où elle se trouverait sur le cercle décrit. Or, pour la Terre, la corde est remplacée par l'attraction du Soleil, puisque c'est cette force qui l'empêche de se mouvoir en ligne droite. Que faut-il donc pour que notre globe ne tombe jamais sur le Soleil, pour qu'il tourne éternellement autour de cet astre? Que la force centrifuge produite par une vitesse de 23 mille lieues à l'heure, soit constamment égale à la *force centripète*, nom qu'on donne aussi à l'attraction d'un corps fixe, placé au centre du mouvement d'un autre corps. Or, on conçoit facilement que cette égalité puisse exister, et l'application de la mécanique aux mouvemens des corps célestes prouve qu'elle existe en effet.

Quant à la rotation de la Terre, il suffit, pour s'en rendre raison, d'admettre que l'impulsion primitive qui lui a donné sa vitesse éternelle de 23 mille lieues à l'heure, ait été dirigée vers un point quelconque du rayon de l'équateur, autre que les extrémités. Si l'impulsion eût été dirigée vers le centre de ce cercle, notre globe aurait tourné autour du Soleil sans tourner sur lui-même ; si elle eût été dirigée tangentiellement au même cercle, il y aurait eu simplement rotation ; l'axe serait resté en repos. Vous pouvez vérifier ces assertions sur une poulie dont l'axe soit suspendu à un point fixe : en donnant un grand coup de marteau sur cette poulie de manière à diriger le choc sur l'axe, vous ferez tourner cet axe autour du point fixe, mais la poulie ne tournera pas ; et au contraire, si la direction du choc est tangente à la poulie, cette roue tournera sur son essieu, mais l'essieu ne tournera pas autour du point fixe.

Vous penserez peut-être que si les deux mouvemens de la Terre ont été produits par une première impulsion qui ne s'est point renouvelée, ils auraient dû cesser depuis long-temps, puisque tous les corps qu'un choc fait mouvoir ici-bas tardent peu à s'arrêter. Mais, la matière jouit d'une propriété, nommée inertie, en vertu de laquelle elle n'entre point en mouvement, sans y être forcée, et ne s'arrête plus une fois qu'elle est tirée du repos, à moins que des causes quelconques ne détruisent sa vitesse. La bombe cesse de parcourir sa courbe, parce qu'elle rencontre la Terre et y pénètre ; le boulet termine enfin ses ricochets, parce que ses chocs contre le sol finissent par épuiser l'impulsion qu'il a reçue de la poudre ; une bille recouvre le repos après avoir roulé un certain temps, parce que le frottement qui a lieu entre elle et le tapis, amortit peu-à-peu la vitesse communiquée par le coup de queue ; lors même que la pesanteur n'existerait pas, il suffirait de la résistance que l'air fait éprouver aux corps qui s'y meuvent, pour arrêter enfin ceux que nous lançons dans l'atmosphère. Il faut donc des obstacles d'une nature ou d'une autre pour détruire le mouvement de la matière, une fois que le repos en a été troublé. Or, aucun obstacle ne s'oppose aux deux mouvemens de la Terre : l'éther dans lequel elle *flotte* entraînant avec elle son atmosphère, est un fluide beaucoup trop subtil, pour offrir une résistance analogue à celle de l'air. Il n'y a donc aucune raison pour que notre vitesse primitive se soit affaiblie, ni pour qu'elle s'affaiblisse jamais.

52. *Orbite de la Terre.* Jusqu'ici j'ai supposé que la Terre décrivit un cercle autour du Soleil; mais il n'en est pas tout-à-fait ainsi. La courbe suivie par le centre pendant la révolution annuelle, *l'orbe* ou *l'orbite* terrestre serait réellement un cercle, si les deux globes étaient seuls dans l'univers; l'attraction des autres corps célestes sur le plus petit altère ce cercle et le change en ellipse. Néanmoins, les foyers de cette ellipse sont si près du centre, que nous pourrons, dans beaucoup de cas, continuer de la regarder comme un cercle.

C'est en mesurant les distances de la Terre au Soleil à différentes époques de l'année, qu'on a découvert la nature de la courbe de révolution. Ces distances se trouvant inégales, ne peuvent être les rayons d'un cercle, mais elles conviennent aux rayons vecteurs d'une ellipse dont le grand axe AB (F. 28) égale la somme de la plus grande AF et de la plus petite BF, et dont l'un des foyers F est au centre du Soleil. Il suffit en effet, pour qu'il en soit ainsi, que la distance FT déduite d'observations faites dans une position T de la Terre, forme avec F'T une longueur égale à AB. Or, retranchant BF de AF, on a FF', la distance des deux foyers; et si l'on observe à midi l'angle formé par FT avec la ligne de mire TE dirigée vers l'étoile que le Soleil couvrait à la même heure, quand la Terre était en A, on connaît l'angle AFT, puisque AB et TE peuvent être considérées comme parallèles. Enfin, l'application d'une formule qui détermine le troisième côté d'un triangle, lorsque les deux autres et leur angle sont connus, donne la longueur de F'T; et si à cette longueur ainsi calculée, on ajoute FT, on trouve effectivement une somme égale à AF + BF. Ainsi, rien de plus certain que les diverses positions du centre de la Terre autour du Soleil sont des points d'une ellipse. On appelle cette courbe *écliptique*, parce qu'il faut que dans son plan se trouve le centre de la Lune, pour qu'il y ait éclipse.

Il a été facile aussi de déterminer la distance des foyers au centre C, distance qu'on nomme *excentricité*. La moitié de AF + BF a donné BC, et l'excès de BC sur BF a donné CF. On a trouvé par ce calcul que CF vaut seulement les 0,0168 de BC. L'excentricité de l'écliptique n'est donc pas même les 0,02 du demi-grand axe, et par conséquent, cette ellipse diffère peu d'un cercle.

Des observations exactes portent à croire que l'excentricité va diminuant; mais la diminution annuelle est si faible qu'elle sera sensible à peine au bout d'un siècle. Serait-on en droit néanmoins de conclure de ce fait que la Terre finira par décrire rigoureusement un cercle autour du Soleil? Non, sans doute: l'univers offre des distances, des angles, des vitesses, qui décroissent pendant un temps et croissent ensuite pour décroître de nouveau; de sorte qu'on peut dire que le système du monde oscille sans cesse autour d'un certain état dans lequel il ne s'arrête point, mais dont il ne s'écarte jamais beaucoup. Il est donc extrêmement probable que l'excentricité de l'écliptique redeviendra ce qu'elle est aujourd'hui, après avoir diminué pendant des siècles, et que jamais notre courbe de révolution ne sera réellement un cercle.

33. *Parallélisme de l'axe de la Terre*. Pendant que la Terre circule autour du Soleil, l'étoile polaire paraît conserver une position constante. Elle reste donc toujours très-près du pôle céleste, et le pôle terrestre boréal correspond sans cesse verticalement au même point du ciel. Il s'ensuit évidemment que l'axe de la Terre ne change jamais de position par rapport aux étoiles; en d'autres termes, il se meut parallèlement à lui-même. C'est ce fait qu'exprime le mot *parallélisme*.

Nutation. Mais ce qui a été dit tout-à-l'heure des oscillations perpétuelles des diverses parties de l'univers, trouve ici une première confirmation. L'axe de la Terre dépasse tantôt dans un sens, tantôt dans un autre, la position que lui donnerait un rigoureux parallélisme. Il se balance véritablement, et c'est ce mouvement qu'on appelle sa *nutation*. On l'a reconnue aux petites variations qu'éprouve la hauteur de l'étoile polaire pour un même lieu (19). La ligne de mire dirigée d'un point A vers cette étoile E (F. 29), se meut parallèlement à elle-même, pendant que la Terre parcourt l'écliptique. Si donc notre axe PP' de rotation prenait aussi des positions rigoureusement parallèles, l'angle EAH ou la hauteur de l'étoile polaire ne changerait point, puisque l'horizontale AH toujours placée de la même manière par rapport à PP', le serait aussi par rapport à AE. Or, l'angle EAH augmente d'environ $9''$ en 9 ans. L'angle ACB qui égale EAH, augmente donc de la même quantité, et pour cela il faut que AC, rayon du globe, s'éloigne de CB perpendiculaire menée du centre sur la ligne de mire AE, ou que l'axe prenne une position pp' qui fasse avec la précédente PP' un angle de $9''$.

Après avoir subi l'augmentation de $9''$, l'angle EAH diminue; au bout de 9 ans, l'axe de la terre reprend la position PP'. Mais il la dépasse ensuite jusqu'à ce qu'il forme de l'autre côté un angle de $9''$; car, après que l'angle EAH a atteint sa plus grande valeur, il diminue pendant 18 ans et diminue de $18''$, ce qui nécessite que AC se rapproche de BC. Ainsi, la nutation de l'axe de la Terre est un faible balancement dont l'amplitude n'est que de $18''$ et qui s'effectue en 18 ans; son effet est d'augmenter et de diminuer successivement, d'une quantité insensible à la vue, la hauteur méridienne des étoiles au-dessus de l'horizon; sa cause est la même que celle de l'excentricité de l'écliptique : l'attraction des corps célestes et surtout celle de la Lune.

34. *Inclinaison de l'axe de la Terre*. Le télescope, au moyen duquel on voit les étoiles pendant le jour, a permis de prendre l'angle que font deux lignes de mire dirigées à midi l'une vers le

centre du Soleil, l'autre vers le pôle céleste. On a trouvé qu'au moment où la Terre est le plus éloignée de l'astre, et quand la première des deux droites est verticale, comme AS (F. 3o), leur angle est de 66° $\frac{1}{2}$. De là résulte que l'axe PP', parallèle à AE, est incliné de 66° $\frac{1}{2}$ sur le plan de l'écliptique, dans lequel se trouve la verticale TAS, et que ce plan fait avec celui de l'équateur un angle ATB de 23° $\frac{1}{2}$ environ.

L'angle ATB est ce qu'on appelle *l'obliquité de* l'écliptique. Non-seulement cette obliquité varie par l'effet de la nutation; elle diminue encore d'une demi-minute en un siècle. Ce n'est pourtant pas une raison pour croire que l'écliptique et l'équateur arriveront à ne plus former qu'un seul plan. Il est extrêmement probable qu'après avoir diminué de quelques minutes, en plusieurs siècles, l'obliquité croîtra pendant le même temps et redeviendra ce qu'elle est aujourd'hui.

En vertu du parallélisme de l'axe PP', l'inclinaison de 66° $\frac{1}{2}$ est encore la même à l'époque où la Terre est le moins éloignée du Soleil; mais alors le point A' qui, situé à 23° $\frac{1}{2}$ de latitude, voit le Soleil à son zénith ou dans sa verticale A'T', se trouve au-dessous de l'équateur, par rapport au point A.

Dans toutes les autres positions de la terre, l'angle de l'axe PP' et de la droite TS des centres surpasse 23° $\frac{1}{2}$; il y en a même deux où il est droit : ce sont celles dans lesquelles TS se confond avec un rayon de l'équateur, car l'axe est perpendiculaire à tous les rayons de ce cercle. Alors les points de l'équateur ont le Soleil au zénith. Où est la Terre à cette époque? Au point T'' ou au point T''' de son orbite (F. 3i), points que détermine la droite T''T''' menée perpendiculairement au grand axe TT', par le centre S du Soleil.

En effet, le plan de l'équateur se meut aussi parallèlement à lui-même, puisqu'il est toujours perpendiculaire à l'axe; ses intersections successives avec le plan de l'écliptique sont donc des droites parallèles. Or, celles qui résultent des positions T, T' (F. 3o), sont évidemment perpendiculaires au grand axe TT'; par conséquent, les intersections de l'équateur et de l'écliptique sont toutes perpendiculaires au grand axe, et la droite T''T''' (F. 3i) est une de ces intersections. Mais T'', T''' sont des positions du centre de la Terre ou de l'équateur. Donc aussi, les droites des centres T''S, T'''S perpendiculaires au grand axe se confondent avec des rayons de l'équateur.

35. *Zône torride.* Vous voyez que les pays où l'on peut avoir le Soleil au zénith à midi, sont compris entre les deux parallèles AC, A'C', situés chacun à 23° $\frac{1}{2}$ de l'équateur (F. 3o). La zône sur laquelle les rayons solaires peuvent tomber à plomb n'a donc que 47° de largeur, et l'équateur la partage en deux parties égales. On la nomme *zône torride*, c'est-à-dire zône brûlante, parce qu'en effet

la chaleur y est très-grande. Aucune partie de la France ne s'y trouve, car Perpignan, la plus méridionale de nos villes, a 42° 41′ 55″ de latitude boréale. Alger même n'y est pas non plus, car cette ville compte 36° 30′ de latitude boréale.

Les peuples de la zône torride voient leur ombre méridienne tantôt du côté du nord, comme nous, tantôt du côté opposé. Quand la Terre est en T′, par exemple, l'homme placé en B′ a son ombre tournée du côté du nord, puisque le Soleil S est, par rapport à lui, du côté du pôle austral P′; mais lorsque la Terre occupe la position T, l'homme placé en B a son ombre au midi, puisque le Soleil S est pour lui du côté du pôle boréal P. Enfin, à deux époques de l'année, l'habitant de la zône torride voit le Soleil dans sa verticale, et n'a point d'ombre à midi. Il faut effectivement que la droite T′S des centres passe par tous les points de l'arc A′C ou de l'arc AC′, pendant que la Terre va de la position T′ à la position T, et que T′S repasse par ces mêmes points, pendant que la Terre retourne de T en T′.

36. *Inégalité des jours.* Les rayons solaires dont la Terre est enveloppée, forment un cylindre qui la touche constamment selon un grand cercle EF perpendiculaire à la droite des centres TS (F. 32), et ce cercle sépare la partie éclairée de celle qui ne l'est pas (22). L'angle ETS est donc droit comme PTB, et si l'on retranche la partie PTA commune à ces deux angles, les restes ETP, ATB sont égaux. Or, la position de l'axe PP′ par rapport à la droite des centres, est celle qui a lieu le 21 juin, quand la Terre est le plus éloignée du Soleil, quand elle est au point T (F. 30 et 31) qu'on appelle son *aphélie.* Par conséquent, à cette époque où ATB $= 23°\frac{1}{2}$, le cercle de séparation EF fait un angle de $23°\frac{1}{2}$ avec le méridien PP′ qui contient l'intersection T de l'équateur BB′ et de l'écliptique; de tous les cercles perpendiculaires à l'axe, il n'y a que l'équateur qui soit coupé par EF en deux parties égales; tous les parallèles sont divisés de manière que la partie éclairée des septentrionaux est plus grande que leur partie obscure, et que le contraire a lieu pour les méridionaux situés au-dessous de l'équateur. Ainsi, sur ce cercle, mais là seulement, le jour égale la nuit; il est plus long dans toute la partie boréale de la Terre; il est plus court dans toute la partie australe, puisque par suite de la rotation les habitans de la première sont plus de temps dans l'*hémisphère* ou demi-globe éclairé, et que ceux de la seconde passent plus de temps dans l'hémisphère obscur.

Solstices et tropiques. Les deux parties de la Terre formées par l'équateur jouissent même alors l'une de son plus long jour, l'autre de sa plus longue nuit, et la hauteur méridienne du Soleil y est la plus grande ou la plus petite possible, c'est-à-dire qu'à midi l'astre paraît à l'habitant D des contrées boréales plus élevé au-dessus de son horizon DH (F. 32) que dans le reste de l'année, et moins élevé, à l'habitant D' des contrées australes. Il nous semble donc cesser de monter, *s'arrêter*, à nous qui sommes au nord de l'équateur. C'est pour cela que nous avons appelé *solstice d'été* l'époque du 21 juin, car le mot *solstice* signifie *arrêt du Soleil*. On a donné aussi un nom au cercle AC, le dernier des parallèles septentrionaux qui reçoivent à plomb les rayons solaires : il est désigné par ces mots *tropique du cancer : tropique* qui signifie *retour*, parce que le Soleil semble *retourner* vers le pôle austral ; *du cancer* ou de *l'écrévisse*, parce qu'il descend en nous regardant, à *reculons*.

Au 21 décembre, la Terre est le moins éloignée du Soleil ; elle se trouve alors dans la position T' qu'on appelle son *périhélie* (F. 30 et 31) ; le cercle de séparation EF (F. 33) fait encore un angle de $23° \frac{1}{2}$ avec le méridien PP' ; il coupe l'équateur et les parallèles comme à l'aphélie, mais les arcs qui se trouvaient dans l'hémisphère éclairé sont maintenant dans l'hémisphère obscur et réciproquement. Aussi, est-ce le 21 décembre que les peuples placés au nord de l'équateur, ont leur jour le plus court, et que ceux qui sont au sud, ont leur jour le plus long. Pour les premiers, le Soleil est à sa plus petite hauteur méridienne au-dessus de leur horizon, et il est à sa plus grande, pour les seconds. Cet astre nous semble donc encore s'arrêter dans sa descente apparente ; il y a donc un second *solstice*, mais celui-ci est le *solstice d'hiver*.

Le cercle A'C', le dernier des parallèles méridionaux qui reçoivent à plomb les rayons solaires, se nomme *topique du capricorne*, parce que le Soleil nous semble revenir ou *retourner* vers le pôle boréal. Le mot *capricorne* est le nom d'un animal sautant du genre des bouquetins ; il sert à distinguer le tropique austral, parce que le Soleil remonte un peu plus rapidement à sa hauteur méridienne moyenne qu'il n'y descend.

Vous voyez que l'inégalité des jours pour tous les points de la Terre qui ne sont pas sur l'équateur, dépend de l'obliquité de l'écliptique (34). Cette inégalité doit donc diminuer un peu en un siècle, puisque l'obliquité diminue d'une demi-minute dans ce laps de temps. Il ne faut pas en conclure qu'il arrivera une époque où les jours seront constamment égaux aux nuits par toute la Terre. L'inégalité après avoir subi une certaine diminution, augmentera très-probablement et redeviendra ce qu'elle est aujourd'hui. D'ailleurs, si elle pouvait cesser d'exister, ce serait vraisemblablement pour moins d'un siècle : l'équateur continuant sa marche s'écarterait de l'écliptique dans un sens opposé ; la partie qui est maintenant au-dessus de notre orbite, passerait au-dessous, et de nouveau il n'y aurait égalité des jours et des nuits qu'à deux époques de l'année.

37. *Détermination du plus long jour*. La différence entre les durées du jour de 12 heures et du jour le plus long, varie avec la latitude. Sur les tropiques, elle est d'à peu près $1^h 5o'$ et par

(41)

conséquent, le plus long jour et la plus longue nuit y sont chacun
de 13ʰ 50ʹ. La différence augmente ensuite plus rapidement des
tropiques aux parallèles EEʹ, FFʹ situés à 23° ½ des pôles P, Pʹ ou
à 66° ½ de l'équateur (F. 32 et 33). Sur ces deux parallèles, nommés *cercles polaires*, à cause de leur proximité des pôles, le plus
grand jour et la plus grande nuit sont de 24 heures. Vous voyez
effectivement qu'à l'aphélie le cercle EEʹ se trouve tout entier dans
l'hémisphère éclairé et qu'au périhélie il est tout entier dans l'hémisphère obscur. Le Soleil ne se couche donc point le 21 juin et
ne se lève point le 21 décembre, pour les habitans du cercle polaire boréal; c'est le contraire, aux mêmes époques, pour ceux
qui se trouvent sur le cercle polaire austral FFʹ. Il n'en est pas
tout-à-fait ainsi, à cause de la réfraction atmosphérique (24); mais
les parallèles où le plus long jour et la plus longue nuit durent
réellement 24 heures, sont très-peu éloignées des cercles polaires.

Pour notre ville dont la latitude est de 49° 7ʹ 6ʺ, le plus long jour
est géométriquement de 16ʰ 1ʹ 13ʺ, et de 16ʰ 8ʹ 43ʺ, si l'on ajoute
7ʹ 30ʺ pour l'augmentation due à la réfraction. La plus longue
nuit est aussi de 16ʰ 1ʹ 13ʺ géométriquement, mais elle ne dure en
réalité que 15ʰ 51ʹ 43ʺ, parce que la réfraction, plus forte en hiver
qu'en été, l'abrège d'un peu plus de 7ʹ 30ʺ.

Paris dont la latitude est de 48° 50ʹ 10ʺ, a 16ʰ 7ʹ de jour le
21 juin et seulement 15ʰ 50ʹ de nuit du 18 au 23 décembre.

Voici au reste un procédé graphique pour déterminer l'excès
sur 12 heures du plus long jour géométrique d'un lieu dont on
on a pris la latitude sur une carte ou dans un dictionnaire de
géographie. Tracez deux droites d'équerre AB, BC (F. 34); décrivez
un arc d'un point quelconque A, avec AB pour rayon; prenez
BD = 23° ½, inclinaison de l'axe de la Terre sur le plan de l'é-
cliptique, et tirez AD jusqu'en E; prenez BF égal à la latitude
et tirez AF jusqu'en C; rapportez BE de B en G; menez GH parallèle à AC et HI parallèle à AB; comptez les degrés, minutes et
secondes de l'arc BI; doublez-les, puis calculez le quatrième terme
de cette proportion 360° : 24ʰ :: 2BI : x. Vous trouverez le nombre
d'heures, de minutes et de secondes qu'il faut ajouter à 12 heures
pour connaître le plus long jour géométrique et qu'il faut en retrancher pour avoir le jour de moindre durée d'un lieu quelconque situé entre les deux cercles polaires. Si vous ajoutez de plus
ou retranchez de moins un demi-quart d'heure, vous aurez
réellement, à bien peu près, le jour le plus long ou le plus
court (*).

(*) La démonstration de ce procédé repose sur les plus simples notions
de la Trigonométrie. Pour avoir le plus long jour du parallèle AB (F. 35),
il faut évidemment ajouter aux 180° du demi-cercle CAC, le double des
degrés de l'arc CD, et chercher le temps qu'emploiera le point D à parcourir l'arc éclairé DAD. Or, la droite CD est le sinus de l'arc CD pour

6

Lorsque les habitans du parallèle AB jouissent de leur plus long jour (F. 35), c'est en arrivant au point D, par suite de la rotation, que chacun voit le Soleil se lever. Or, le centre de l'astre est alors dans le plan du méridien ABHA perpendiculaire au cercle GH qui sépare l'ombre de la lumière; le méridien PDP' du point D est évidemment à plus de 90° de ABHA; les parties de tous les parallèles qui sont comprises entre ces deux méridiens, renferment chacune plus de 90", et par conséquent, le Soleil répondant verticalement à un de ces parallèles, se trouve à plus de 90° du méridien PDP'. Comme le véritable orient d'un point D est précisément à 90° du méridien de ce point (11), il s'ensuit que, dans les grands jours, le Soleil se lève au-delà de la direction est-ouest. Le coucher a lieu aussi, pour les mêmes raisons, au delà de cette direction.

De semblables considérations vous feraient voir qu'à l'époque des longues nuits, le lever et le coucher se font en deça de l'orient et de l'occident vrais, et qu'ils correspondent précisément à ces deux points dans les équinoxes.

On appelle *orient* et *occident d'été* les points où le Soleil se lève et se couche à l'époque du solstice d'été, *orient et occident d'hiver*, ceux où il se lève et se couche à l'époque du solstice d'hiver.

38. *Zónes tempérées et zónes glaciales*. Dans les deux zónes BB'EE', BB'FF' comprises entre les tropiques et les cercles polaires (F. 32), on n'a jamais le Soleil au zénith, on en reçoit tou-

---

le rayon CA; on a donc $Sin.\ CD = \dfrac{CD}{CA}$. Mais, l'angle CTD $= 23°,5$ et la droite CD $=$ CT *Tang.* $23°,5$; l'arc AE est la latitude du parallèle, et en la représentant par l, on a

$$CT = AF = TA\ Sin.\ l, \qquad CA = TF = TA\ Cos.\ l.$$

Par conséquent, la droite

$$CD = TA\ Sin.\ l \times Tang.\ 23°,5$$

et

$$Sin.\ CD = \frac{TA\ Sin.\ l \times Tang.\ 23°,5}{TA\ Cos.\ l} = Tang.\ l \times Tang.\ 23°,5;$$

ce qui fait voir que *Sin.* CD est une quatrième proportionnelle à un rayon arbitraire et aux tangentes de la latitude et de l'inclinaison de l'axe. L'arc BI que donne le procédé ci-dessus, a en effet pour sinus BH, quatrième proportionnelle au rayon AB, à la tangente BC de la latitude BF et à la tangente BE ou BG de 23°,5.

On tire d'ailleurs de l'équation *Sin.* CD $= Tang.\ l \times Tang.\ 23°,5$, cette autre

$$Log.\ Sin.\ CD = Log.\ Tang.\ l + Log.\ Tang.\ 23°\tfrac{1}{2},$$

ce qui permet de trouver facilement l'arc CD, au moyen des tables de sinus.

jours les rayons obliquement ; mais d'un autre côté, jamais il n'est invisible 24 heures de suite. De là résulte que l'été n'y est pas très-chaud, ni l'hiver par trop froid. Aussi ces zônes sont-elles dites *tempérées*. La largeur de chacune est de 43°, car du pôle au cercle polaire il y a 23° $\frac{1}{2}$, la même distance sépare chaque tropique de l'équateur, et l'on compte 90° de ce cercle aux deux pôles.

Les deux calottes EPE', FP'F' terminées aux cercles polaires sont nommées *zônes glaciales*, parce que le froid y est si vif, si continu et d'une si grande durée, qu'on y trouve des mers éternellement glacées. Cela provient des longues nuits de ces régions et de la forte obliquité des rayons du Soleil : la plus grande hauteur méridienne de cet astre n'y dépasse pas 47° sur les cercles polaires, et aux pôles elle n'est que de 23° $\frac{1}{2}$.

Hauteurs méridiennes du Soleil. En effet, la plus grande hauteur méridienne pour un point D, est l'angle S'DH formé au solstice par l'horizon DH et la ligne de mire DS' dirigée vers le centre du Soleil. Comme DS' est parallèle à TS, elle est perpendiculaire à TE, les côtés de l'angle S'DH sont d'équerre sur ceux de l'angle ETD, et ces deux angles sont égaux. Or, l'indication du dernier se compose de l'arc DP distance de D au pôle et de l'arc PE qui est de 23° $\frac{1}{2}$. Il faut donc, pour avoir la plus grande hauteur méridienne en un lieu quelconque, retrancher de 90° la latitude de ce lieu, ce qui donne la distance au pôle, et ajouter au reste 23° $\frac{1}{2}$.

Si l'on voulait la plus petite hauteur méridienne S'DH (F. 33), il faudrait retrancher 23° $\frac{1}{2}$ de la distance au pôle, car S'DH = ET'D = PT'D — PT'E.

Enfin, la hauteur méridienne moyenne, celle qui a lieu à chaque équinoxe, quand les rayons solaires tombent à plomb sur l'équateur, est la demi-somme de la plus grande et de la plus petite, et cette demi-somme égale précisément la distance au pôle, puisqu'elle vaut deux fois la moitié de cette distance, augmentée de la moitié de 23°,5 et diminuée de la même quantité. Au reste, la figure 36 rend visible qu'au moment où la droite des centres T''S se confond avec un rayon T''B de l'équateur, c'est-à-dire à l'équinoxe, la hauteur méridienne S'DH = PT''D ou la distance de D au pôle P, en degrés. Il suffit donc de retrancher de 90° la latitude d'un lieu, pour connaître la hauteur méridienne moyenne du Soleil en ce lieu-là.

39. Les zônes australes ont généralement une température inférieure à celle des zônes boréales. Ce fait tient à trois causes : leur hiver commence quand la Terre est à son aphélie ; cette saison et l'automne ont lieu pendant que nous parcourons le grand arc T''TT''' de notre orbite (F. 31), et leur durée surpasse de 7 à 9 jours celle du printemps et de l'été (46) ; enfin les points de l'hémisphère austral sont un peu plus éloignés du centre, que ceux de l'hémis-

phère boréal : ils se trouvent conséquemment plus élevés dans l'atmosphère et leur température doit en être très-sensiblement diminuée; car dans la zône torride même il fait très-froid sur les hautes montagnes, leurs sommets sont couverts de glaces éternelles, tandis qu'on éprouve une chaleur insupportable à leurs pieds. Aussi, rencontre-t-on des mers glacées dès le 71me degré de latitude australe et seulement au 81me degré de latitude boréale.

40. *Equinoxes.* Puisque le cercle qui sépare l'ombre de la lumière est toujours perpendiculaire à la droite des centres, il contient nécessairement l'axe, quand la Terre est dans la position T'' (F. 31), car cet axe est lui-même perpendiculaire à ST'' (34). Le cercle de séparation est donc alors un méridien; il partage tous les parallèles en deux parties égales, et dans toute l'étendue du globe, le jour et la nuit ont la même durée. C'est ce qu'exprime le nom *équinoxe* donné à la position T'' et à l'époque où la Terre s'y trouve. Cette époque est à peu près le 21 mars. Le même phénomène arrive de nouveau vers le 21 septembre, quand la Terre est en T'''. Il y a donc deux équinoxes, l'un de printemps, l'autre d'automne.

Ainsi, nous avons notre plus petit jour de $8^h 6' 17''$ le 21 décembre, quand le globe terrestre est à son périhélie T'; nos jours croissent pendant qu'il parcourt la demi-ellipse $T'T''T$; en T'', à l'équinoxe de printemps, le jour est de 12 heures pour nous comme pour le reste du monde; le 21 juin, quand la Terre est à son aphélie T, nous avons le plus long de nos jours; ils décroissent ensuite, pendant que le globe parcourt la demi-ellipse $TT'''T'$; ils ne sont plus que de 12^h, quand à l'équinoxe d'automne, nous sommes dans la position T'''; enfin, le jour a de nouveau sa plus plus courte durée, lorsque nous nous retrouvons, au bout d'une année, dans la position T'.

41. *Détermination des équinoxes.* Il y a distinction à faire entre le jour équinoxial et le moment précis où arrive l'équinoxe, où la droite des centres de la Terre et du Soleil coïncide avec un rayon de l'équateur. Le jour équinoxial contient ce moment et dure 24 heures; mais la coïncidence de la droite et du rayon, ne dure qu'un instant; dans l'instant suivant le centre du Soleil est déjà hors du plan de l'équateur, et l'équinoxe géométrique n'existe plus. Conséquemment, le jour équinoxial est pour tous les points de la Terre, sensiblement partagé en deux parties égales, de 12 heures chacune, par la présence et l'absence du Soleil; mais *l'instant équinoxial* répond au passage exact d'un méridien unique par le centre de l'astre, et ce méridien n'est certainement pas le même tous les ans.

Nous pouvons donc dire que *l'instant équinoxial* ou l'équinoxe géométrique arrive quand, pour un parallèle quelconque du globe, le Soleil atteint à midi une hauteur exactement égale au complément de la latitude (38), car c'est seulement alors que le centre de l'astre est réellement dans le plan de l'équateur.

Voici comment, d'après cela, on peut déterminer l'heure précise de l'équinoxe. Dans chacun des deux ou trois jours qui précèdent le 21 mars, on prend à 49° de latitude boréale, par exemple, la hauteur méridienne du Soleil. Si l'on trouve 40° 53′ le 20 et 41° 9′ le 21, l'astre s'est élevé de 16′ en 24 heures, et l'équinoxe géométrique s'est accompli entre les deux midis, car il a dû arriver à l'instant où sur le parallèle du 49me degré, la hauteur méridienne était 41°. Il faut alors faire cette proportion : 16′ d'élévation sont aux 24^h qui les ont données, comme les 7′ de différence entre 40° 53′ et 41° sont au nombre d'heures écoulées pendant cette ascension. Le quatrième terme est 10^h 3o′. On en conclut que l'équinoxe a eu lieu le 20 mars à 10^h et demie du soir, et que le méridien dont le plan passait en ce moment par le centre du Soleil, est situé à 157° 3o′ à l'ouest de celui du lieu où les observations ont été faites (20).

42. *Précession des équinoxes.* Le plan méridien dont le passage par le centre du Soleil marque l'instant équinoxial, contient aussi les centres de quelques étoiles ; mais l'année suivante, quand reviendra l'équinoxe de printemps, ce ne seront plus les mêmes qui s'y trouveront. Supposons que le plan équinoxial T″T‴ passe cette année par l'étoile E (F. 37) ; l'année prochaine, il passera par l'étoile E′ située à l'occident de E. L'étoile E aura donc parcouru l'arc E′E de l'ouest à l'est. Mais ce mouvement ne sera qu'une apparence : en réalité, l'équinoxe géométrique aura lieu avant que la Terre soit revenue à la position T″ de cette année et quand elle ne sera encore qu'en t″ ; l'étoile E ne se retrouvera avec le Soleil dans un même plan méridien qu'au moment où notre globe aura parcouru l'arc t″T″ de son orbite ; en d'autres termes, l'équinoxe de l'année prochaine *précédera* celui de cette année, par rapport au retour de la Terre à la position T″ où son centre, celui du Soleil et l'étoile E sont dans le même plan. Ce phénomène a été nommé avec justesse, *précession des équinoxes.*

L'arc E′E ou t″T″ a été trouvé d'environ 5o″. Le temps que nous employons à le parcourir est à peu près de 2o′, puisque la révolution autour du Soleil est d'une année. La précession des équinoxes est donc de 5o″ par an, de 1° 23′ 3o″ par siècle et de 360° au bout de 25 773 ans. Par conséquent, c'est seulement dans 25 773 années que le plan méridien équinoxial reviendra aux étoiles par lesquelles il a passé cette année.

Il résulte évidemment de la précession, que l'écliptique tourne en 25 773 ans autour du Soleil, car les solstices avancent comme les équinoxes, puisqu'autrement leurs époques auraient dû déjà se confondre, et qu'elles diffèrent constamment du même nombre de jours. Le centre de notre orbite décrit donc autour d'un de ses foyers, un cercle dont le rayon égale l'excentricité (32) ; la direction du mouvement est opposée à celle de notre révolution annuelle.

Le phénomène de la précession a les mêmes causes que celui de la nutation (33) : les attractions combinées du Soleil et de la Lune. Le calcul appliqué à l'action de ces forces a montré qu'effectivement l'instant équinoxial doit avancer chaque année ou la Terre retarder, par rapport aux étoiles, et le retard qu'il a donné, s'est trouvé à fort peu près d'accord avec celui de l'observation.

43. *Année*. Le temps que la Terre emploie à revenir soit à l'équinoxe géométrique de printemps ou d'automne, soit au solstice d'hiver ou d'été, constitue *l'année solaire*, nommée aussi *année tropique*; elle est de $365^j 5^h 48' 48''$. Le temps qui s'écoule entre un équinoxe et l'époque où la Terre se retrouve dans le plan T''SE de cet équinoxe, forme *l'année sidérale*, *l'année stellaire*, c'est-à-dire l'année déterminée par les étoiles. Il est clair que l'année sidérale surpasse l'année solaire d'un temps égal à celui de la précession; l'excès est exactement de $20' 24''$ et par suite l'année sidérale est de $365^j 6^h 9' 12''$.

44. *Jours et nuits des pôles*. Au solstice d'hiver T', l'équateur qui est l'horizon rationnel des pôles P, P' (F. 31, 32 et 33), passe au-dessus du Soleil S par rapport à P et au-dessous par rapport à P'. Il fait donc nuit en P et jour en P'. A l'équinoxe de printemps T'', le Soleil se trouve dans le plan de l'équateur, puisque la droite T''S des centres se confond avec un rayon de ce cercle (34); il se lève donc pour P et se couche pour P'. Au solstice d'été T, l'astre est à sa plus grande hauteur méridienne pour P; c'est le milieu du jour pour ce pôle et le milieu de la nuit pour l'autre. A l'équinoxe d'automne T''', l'équateur passe de nouveau par le centre du Soleil; cet astre se couche pour P et se lève pour P'. Enfin, au bout de l'année, au retour dans la position T', le pôle P' voit le Soleil à sa plus grande hauteur méridienne. Cette époque est donc le milieu du jour pour lui et le milieu de la nuit pour P.

Ainsi, le jour et la nuit durent chacun d'un équinoxe à l'autre pour les pôles : les six mois qui s'écoulent de l'équinoxe de printemps T'' à l'équinoxe d'automne T''', forment le jour du pôle boréal et la nuit du pôle austral; au contraire, les six mois qui séparent l'équinoxe d'automne de celui du printemps, forment le jour du pôle austral et la nuit du pôle boréal. Il s'ensuit que l'homme qui serait à l'un des pôles verrait son ombre tourner autour de lui en 24 heures.

Ne croyez pas toutefois que ces points aient six mois de nuit obscure. Bien loin de là, ils sont plus favorisés que notre pays pour la lumière. La réfraction y augmente le jour d'environ 67 heures, c'est-à-dire que le Soleil s'y montre près de 33 heures $\frac{1}{2}$ avant que l'horizon en rencontre le disque. L'aurore des pôles est de 52 jours et le crépuscule de 53, tandis qu'ici l'aube ne précède le lever que d'environ deux heures, et la nuit est close deux heures

après le coucher. Les pôles sont donc éclairés pendant 288 fois
24 heures, en un an, et nous ne le sommes que pendant 246 fois
24 heures environ. Ils ont encore de plus que nous leurs brillantes
aurores boréales dues à la même cause que les éclairs.

Remarquez qu'il n'en serait pas ainsi, sans l'inclinaison de l'axe.
Si cette inclinaison n'existait pas, le plan de l'équateur se confon-
drait constamment avec celui de l'écliptique, le centre du Soleil
ne sortirait jamais de ce plan, le jour serait égal à la nuit partout pendant toute l'année, et à part l'effet de la réfraction, les
pôles ne verraient que la moitié du disque solaire. C'est sans doute
pour que tous les points des corps célestes analogues à la Terre
jouissent à peu près également de la lumière du Soleil, que les
axes de ces corps sont, comme celui de notre globe, inclinés sur
les orbites.

Puisque le plus long jour est de 24^h sur les cercles polaires (37)
et de 6 mois aux pôles, vous concevez qu'il doit être de plusieurs
jours, d'un mois, de 2 mois, etc., sur les parallèles compris entre
les limites des zônes glaciales. L'horizon rationnel d'un point situé
entre P et E (F. 32) passe en effet entre A et B et reste, par conséquent, au-dessous du Soleil pendant une partie des six mois durant
lequels le centre de cet astre répond à midi aux différentes verticales
comprises dans l'angle ATB. Le même horizon reste ensuite au-dessous du Soleil, pendant une partie des 6 mois durant lesquels les
rayons tombent à plomb sur la zône tempérée australe A′B′BC′
(F. 33), de sorte que les plus longues nuits des zônes glaciales sont
aussi de plusieurs jours ou de plusieurs mois.

45. *Causes des saisons.* Vous avez été surpris, sans doute, d'apprendre que le solstice d'hiver répond au périhélie de notre
globe (36), et vous vous êtes demandé comment il se fait que le
froid règne précisément quand nous sommes le plus près de l'astre
qui échauffe la Terre. Vous allez le comprendre aisément, j'espère.
D'abord, la différence entre la distance du périhélie et la distance
de l'aphélie n'est pas assez grande par rapport à l'éloignement
moyen du Soleil, pour causer une diminution bien sensible dans
la chaleur des rayons. Nous aurions donc à peu près aussi chaud
dans l'un des solstices que dans l'autre, si la température dépendait
du point où se trouve la Terre sur l'écliptique.

Mais, considérez que les rayons solaires tombant à plomb, le
21 décembre, sur le tropique du capricorne A′C′ (F. 33), arrivent
très-obliquement sur nos contrées situées au nord du tropique du
cancer AC. Au contraire, le 21 juin, ils tombent à plomb sur le
tropique du cancer et très-obliquement sur celui du capricorne.
Ils traversent donc, pour nous parvenir, une bien plus grande
étendue d'atmosphère dans le premier cas, que dans le second,
et ils éprouvent de la part de l'air un affaiblissement beaucoup
plus considérable. En outre, le temps pendant lequel nous recevons

chaque jour ces rayons, est au solstice d'hiver la moitié seulement de ce qu'il est au solstice d'été. Ainsi, d'une part un Soleil affaibli, de l'autre de longues nuits, voilà les causes de l'abaissement de la température au périhélie.

Cependant, le froid ne fait que commencer au solstice d'hiver; il devient plus intense en janvier. La raison en est toute simple: la Terre fortement échauffée par les ardeurs de l'été, met un certain temps à se refroidir, et son refroidissement n'est pas encore assez avancé au 31 décembre, pour que l'affaiblissement des rayons solaires se fasse fortement sentir. Elle se réchauffe pendant la durée du printemps, mais elle n'a pu encore que réparer ses pertes quand vient le solstice d'été. Aussi, n'est-ce pas au commencement de cette saison que nous éprouvons les plus grandes chaleurs; c'est deux mois plus tard.

En automne, le globe ne recevant plus autant de chaleur dans le jour qu'il en perd durant la nuit, commence à se refroidir; néanmoins la température de cette saison reste agréable jusqu'à la fin de novembre, parce que la Terre est un puissant réservoir de chaleur.

46. *Inégalité des saisons.* Les quatre saisons n'ont pas toutes la même durée. Du solstice d'hiver qui a eu lieu le 22 décembre 1831, à l'équinoxe de printemps qui est arrivé cette année le 20 mars, on compte 89 jours d'hiver; du 20 mars au 21 juin, époque du solstice d'été, il y aura 93 jours de printemps; du 21 juin au 23 septembre, jour de l'équinoxe d'automne, il s'écoulera 94 jours d'été; du 23 septembre au 21 décembre, époque du solstice d'hiver de cette année 1832, nous aurons 89 jours d'automne. Ainsi, le printemps et l'été comprendront ensemble 187 jours, tandis que l'automne et l'hiver dureront en somme 178 jours seulement. Il y aura donc une différence d'environ 9 jours entre le temps que la Terre mettra cette année à parcourir les arcs $T'T''$, $T'''T'$ de son orbite (F. 31) et celui qu'elle mettra à parcourir les arcs $T''T$, TT'''.

47. *Causes de l'inégalité des saisons.* La différence entre les temps qui s'écoulent d'un équinoxe à l'autre, n'est pas constante, mais elle existe toujours et varie peu. Elle provient de deux causes: l'arc d'ellipse $T''TT'''$, déterminé par la corde $T''T'''$ du foyer S, est plus long que l'arc $T'''T'T''$, et la vitesse de la Terre est moins grande dans le premier que dans le second. Pour reconnaître la réalité de cette dernière cause, partons de l'aphélie T (F. 38.) La direction TS de l'attraction solaire y est normale à l'ellipse, et n'a aucune influence sur le mouvement de révolution. Mais de T en T''' ou pendant l'été, la droite des centres St fait un petit angle avec les normales tA, et l'attraction se décompose en deux parties: l'une dirigée selon tA, est détruite par la force centrifuge, puisque la Terre ne quitte point son orbite; l'autre dirigée selon la tangente

*t*B accélère le mouvement. Il en est encore de même au point T‴ et de T‴ en T′ pendant l'automne, puisque les normales d'une ellipse passent toutes entre les foyers ; seulement l'accélération est moins considérable que vers la fin de l'été, attendu que l'attraction faisant alors des angles de plus en plus petits avec les normales, est employée presque toute entière à contrebalancer la force centrifuge. Néanmoins, la vîtesse de la Terre croît toujours jusqu'au périhélie T′. En ce point elle est plus grande que partout ailleurs, car à peine est-il dépassé que la droite des centres *t*′S reste en arrière des normales, au lieu de les précéder, comme pendant l'été et l'automne. Ce changement rend opposée au mouvement, la partie de l'attraction solaire qui s'exerce selon la tangente à l'orbite ; cette partie agit alors de *t*′ en B′, tandis que la Terre court de *t*′ en T″ ; elle diminue par conséquent la vîtesse, et la diminue de plus en plus, jusqu'en T. Là le mouvement redevient ce qu'il était au départ, puis il s'accélère de nouveau.

48. *Temps sidéral et temps vrai.* Les variations du mouvement de la Terre dans son orbite, en occasionnent d'autres dans le *jour solaire,* c'est-à-dire dans le temps qui s'écoule d'un midi au midi suivant et qui est l'unité du *temps vrai.* Pour concevoir ce nouveau phénomène, il faut savoir que la seule durée à laquelle on n'ait pu jusqu'ici reconnaître ni augmentation ni diminution, est celle d'une rotation complète de la Terre ou du retour d'un méridien à une même étoile, et qu'en droit de regarder cette durée comme constante, on l'a prise pour terme de comparaison. Elle est appelée *jour sidéral* et mesure le *temps sidéral.*

Supposez qu'au moment où la Terre arrive au point *t*′ de son orbite (F. 39), un plan méridien AB contienne la même étoile E qu'il contenait quand le globe était en *t*. La rotation sera complète, puisque les deux positions du méridien seront parallèles, et il se sera écoulé un jour sidéral pendant que l'arc *tt*′ de l'écliptique aura été parcouru.

Le jour solaire est constamment plus long que le jour sidéral, car le méridien AB qui passait par le centre S du Soleil, quand la Terre était en *t*, ou qui alors comptait midi, n'a pas encore cette heure en *t*′. Il faut pour qu'il passe de nouveau par S, que la Terre tourne encore sur son axe d'un angle B*t*′S = *t*S*t*′. En *t*″, le méridien CD qui avait midi en *t*′, devra tourner d'un angle D*t*″S = *t*′S*t*″, pour arriver à cette heure-là ; AB devra tourner d'abord de *t*S*t*′, pour prendre la position de CD, et ensuite de *t*′S*t*″, pour passer une troisième fois par S. Vous verrez facilement qu'en *t*‴, point diamétralement opposé à *t*, AB devrait tourner de 180° pour que son jour solaire s'achevât ou pour que B revînt à midi. Si donc il s'écoule 183 jours sidéraux pendant que la Terre parcourt l'arc *tt*′*t*″*t*‴, il n'y aura encore que 182ʲ ½ solaires d'accomplis, et quand nous serons revenus au point de départ *t*, nous compterons 366ʲ sidéraux, et seulement 365 jours solaires. En d'autres termes, le Soleil passe au méridien d'un lieu, une fois de moins chaque année que les étoiles, ce qui néanmoins n'empêche pas l'année sidérale et l'année solaire de commencer et de finir en même temps ou d'avoir la même durée, à la précession près (43).

Puisque le Soleil retarde sur les étoiles, d'un tour complet de la Terre ou de 360° en 365 jours solaires, et 5 heures, ce qui fait 8 765 heures, nous connaîtrons son retard journalier si nous divisons 360° par $\frac{8765}{24}$ de jour. Ce retard ou l'angle tSt', ou l'angle égal $Bt'S$, est donc de 59' 8''. Or, 360° exigeant 24 heures, il faut à peu près 3' 56'' de temps pour que la Terre tourne de 59' 8'', par conséquent, la différence du jour sidéral au jour solaire est d'environ 3' 56'' et la durée du premier est seulement de 23^h 56' 4''. Mais, la différence des deux sortes de jours ainsi calculée n'est au fond qu'une moyenne ; elle se trouve plus grande dans le périhélie et moindre dans l'aphélie. Effectivement, l'angle journalier tSt' doit être plus grand au solstice d'hiver qu'à celui d'été, puisque la Terre ayant sa plus grande vitesse à l'époque du premier, parcourt, chaque jour, sur l'écliptique un arc plus long (47) ; et par suite, il faut plus de temps au méridien AB pour revenir à midi, quand le jour sidéral est terminé. Le jour solaire comparé au jour sidéral, est donc variable, comme je vous l'avais annoncé ; il varie même aussi par rapport au jour de 24 heures des bonnes horloges.

49. *Temps moyen*. La durée de 24 heures mesurée par une horloge qui ne se dérange point, est constante comme le jour sidéral, mais elle ne l'égale jamais, à parler rigoureusement. C'est pour abréger et pour aider la mémoire qu'on dit de 24^h la rotation de la Terre ; dans le fait elle est seulement de 23^h 56' 4'' ; il faut y ajouter environ 4' pour obtenir un jour d'horloge. Si l'on suppose aussi dans les calculs que les 360° de l'équateur passent en 24^h dans le plan qui contient l'axe de notre globe et le centre du Soleil, c'est que la différence influe extrêmement peu sur les résultats ; d'ailleurs, vous allez voir que son influence s'exerce tantôt en plus, tantôt en moins.

Le jour civil de 24^h marqué par les horloges, est en effet un *jour moyen* qui tantôt surpasse le jour solaire et tantôt en est surpassé, de telle manière que du moment où le méridien AB compte midi, dans la position t (F. 39), au moment où le même méridien compte de nouveau midi, quand la Terre est revenue au périhélie, il s'écoule 365 fois 24 heures d'horloge, plus 5^h 48' 48''. La complexité de ce nombre provient de ce qu'à l'époque de l'invention des horloges, on croyait égaux les jours solaires. L'intervalle compris entre deux midis consécutifs fut partagé en 24 parties égales dont on forma les unités de temps ou les heures, sans considérer s'ils s'en trouverait un nombre rond dans la durée de l'année. Aujourd'hui que l'inégalité des jours solaires est bien reconnue, l'heure actuelle n'a pas d'autre avantage que d'être devenue familière à tous ; s'il n'y avait pas de graves inconvéniens à détruire une longue habitude, on pourrait prendre une nouvelle unité de *temps moyen* qui rendît l'année exactement de 365 jours. Il faudrait pour la déterminer convenablement, diviser les $31\,556\,928''$ actuelles de l'année, par $31\,536\,000$, nombre de secondes que contiendrait une année de 365^j subdivisés à l'ordinaire. On trouverait que la nouvelle seconde devrait être les $\frac{164359}{164250}$ de la seconde actuelle ou valoir $1'' + \frac{109}{164250}$. Cela vous montre que le jour moyen est un peu arbitraire et qu'il n'y a rien d'étonnant à ce que le Soleil ne s'y conforme pas.

50. *Causes des différences des deux temps.* Examinons maintenant d'où proviennent les différences que l'expérience a fait découvrir entre les jours moyens et les jours solaires. Nous trouvons pour première cause, les variations de la marche de notre globe dans son orbite. Vers le périhélie, la différence du jour sidéral au jour solaire excède $3'\,56''$; l'angle $Bt'S$ qui la donne se trouve de $61'\,11''$, et par conséquent l'arc tt' de l'écliptique est aussi de $61'\,11''$, au lieu de $59'\,8''$. Aux environs de l'aphélie, l'excès du jour solaire sur le jour sidéral est au contraire moindre que $3'\,56''$ et sa valeur répond à un angle $A't^{iv}S$ ou $t'''St^{v}$ de $57'\,11''$. Vous voyez donc que les arcs décrits journellement par le centre de la Terre sur l'écliptique varient de $61'\,11''$ à $57'\,11''$ et que le champ de leurs variations est de $4'$. Or, ces $4'$ de degré estimées en unités de temps, à raison de $15°$ pour une heure ou $60'$, donnent $16''$, et ce temps est le champ des variations de la différence du jour sidéral au jour solaire, puisque l'angle $Bt'S$ peut varier aussi de $4'$ de degré. En conséquence, et parce que le jour sidéral est constant, le jour solaire diminue de $16''$ du solstice d'hiver au solstice d'été, et il augmente d'autant du solstice d'été au solstice d'hiver, par le seul fait des variations de la vitesse de la Terre sur l'écliptique. Si donc il est de 24^h à une époque, il n'aura plus cette durée à une autre.

Une seconde cause de la différence variable du temps vrai au temps moyen, est l'obliquité de l'écliptique (34). Pour le faire voir, nous supposerons que l'arc parcouru journellement par la Terre dans son orbite soit de $1°$, ce qui s'éloignera peu de l'arc moyen $59'\,8''$, et qu'on ait tracé sur le globe le cercle ACBD intersection du plan de l'écliptique. Nous nommerons ce cercle, pour abréger, *écliptique terrestre*. Il est visible que son arc BD contiendra autant de degrés que l'arc correspondant tt' de l'écliptique *céleste* $tt't''...t^{iv}$, et que BD sera de $1°$, lorsque les positions t, t' de la terre seront séparées par l'intervalle d'un jour solaire.

Si l'arc BD de $1°$ appartenait à l'équateur, il serait d'équerre par rapport aux méridiens, la rotation le ferait passer constamment en 4 devant le Soleil S, et à part la variation provenant du mouvement de la Terre, les jours solaires seraient tous de 24 heures.

Mais, appartenant à l'écliptique terrestre, l'arc BD est incliné sur l'équateur, et passe par conséquent tantôt plus vite, tantôt moins vite qu'un degré de ce dernier cercle, devant le Soleil.

Soit, en effet, MN l'écliptique terrestre (F. 40) qui doit être entièrement contenu entre les deux tropiques (36); et prenons l'arc BD de 1°, vers le point où MN croise l'équateur EF. Tout ce qui sera compris entre les deux demi-méridiens PBP', PDP' passera dans le même temps devant le Soleil; BD passera donc en même temps que l'arc BG de l'équateur. Or, BG qui coupe d'équerre les méridiens, est moindre que l'arc incliné BD, ou moindre que 1°, et passe devant le Soleil en moins de 4'. L'excès du jour solaire sur le jour sidéral, provenant de l'obliquité de l'écliptique, ne sera donc pas de 4' vers les équinoxes, car c'est à ces époques que la partie de l'écliptique décrite se trouve près de l'équateur.

Prenons maintenant un degré de l'écliptique terrestre tout près de l'un des tropiques, de celui du cancer MC, par exemple, et soit MB' ce nouvel arc de 1°. Il est aisé de sentir que les cercles MN, MC se touchant en M, se confondent sensiblement dans une longueur de 2 à 3 degrés. On peut donc prendre indifféremment MB' sur l'écliptique terrestre ou une longueur égale M*b* sur le tropique. Or 1° du grand cercle MN occupera plus de 1° du petit cercle MC, et par suite M*b* aura plus de 1°; l'arc EH de l'équateur, compris entre les méridiens qui passent par M et *b*, aura autant de degrés que M*b*, et plus que MB'; les arcs EH, M*b*, MB' passeront toutefois dans le même temps devant le Soleil; par conséquent, le passage de MB' durera plus de 4'.

Ainsi, l'obliquité de l'écliptique met tantôt moins, tantôt plus de 4' de différence entre le jour sidéral et le jour solaire; elle fait donc varier aussi la différence du dernier au jour civil de 24 heures qui est constant comme le jour sidéral, et de 4' plus long (49).

51. *Désaccord du Soleil et des horloges.* Il résulte, comme vous voyez, des deux causes qui influent sur la durée du temps vrai, qu'elle est alternativement plus grande et plus petite que 24 heures. Le Soleil doit donc retarder sur les horloges à certaines époques et avancer à d'autres; ou bien un cadran solaire marque midi parfois après, parfois avant une bonne montre, et dans certains cas, en même temps. Voyons comment se succèdent cet accord et ce désaccord.

Nous partirons du 24 décembre, jour très-voisin du solstice d'hiver, parce qu'il est connu qu'à cette époque, il s'écoule 24 heures d'un midi au midi suivant. La Terre est alors entre T' *t'*, mais très-près du premier point (F. 38). Elle est encore animée de sa plus grande vitesse (47) ou du moins cette plus grande vitesse n'a pu en trois jours être sensiblement diminuée, et l'arc journalier parcouru sur l'écliptique céleste a presque la plus grande longueur possible 61' 11''; les degrés de l'écliptique terrestre sont, pour ainsi dire, parallèles à l'équateur (50), et il faut plus de 4' pour que 1° du premier cercle, pris sur le tropique, passe devant le Soleil ; en vertu de ces deux causes/le jour solaire augmente et les cadrans retardent sur les horloges. Or, le retard du 25 décembre s'ajoute à celui du 26, puis leur somme au retard du 27, et ainsi de suite, comme s'ajoutent les retards quotidiens d'une mauvaise montre ; par conséquent, les cadrans retardent de plus en plus. Cet état de choses se prolonge jusqu'à la seconde semaine de février, où il n'est guère plus de $11^h\frac{3}{4}$ au Soleil, quand l'horloge sonne midi.

La Terre se trouve alors vers le milieu de l'arc T'T'' ; les degrés de l'écliptique terrestre passent en 4' devant le Soleil ; le retard n'est plus dû qu'à la vitesse et il ne croit presque plus. Bientôt même il diminue, parce que les degrés mettant chacun moins de 4' à passer, produisent une avance qui détruit d'abord les augmentations de retard et les surpasse ensuite, attendu qu'elle va croissant, tandis que la vitesse de la Terre diminue de plus en plus.

Les mêmes causes d'avance continuent d'exister, après l'équinoxe de printemps. Il y a bien accroissement dans la durée du passage de 1° de l'écliptique terrestre, une fois que la Terre a dépassé la position équinoxiale T'' ; mais cette durée est encore au-dessous de 4'. Conséquemment, le retard d'environ un quart d'heure qui existait vers le 10 février, doit enfin être réduit à rien. C'est ce qui arrive le 15 avril, une vingtaine de jours après l'équinoxe de mars. Le jour solaire redevient donc de 24 heures, et les cadrans marquent de nouveau midi en même temps que les horloges.

La Terre se trouve alors dans l'arc T''T, mais encore assez près de T''. Les deux causes qui raccourcissent le jour solaire/ existent toujours. Les cadrans doivent donc avancer par rapport aux horloges, et avancer de plus en plus, jusqu'au moment où les degrés de l'écliptique terrestre employant chacun plus de 4' à passer devant le Soleil, produisent un retard journalier assez grand pour détruire les augmentations d'avance provenant de la diminution de vitesse. Il en est ainsi vers le milieu de mai. Après cette époque, l'avance ne croit plus ; elle éprouve au contraire des réductions continuelles, parce qu'il y a peu de différence entre les arcs que la Terre parcourt chaque jour sur l'écliptique, et que le retard occasionné par l'obliquité de ce cercle augmente de plus en plus. Aussi, l'avance qui existait à la mi-mai, se trouve-t-elle entièrement détruite le 15 juin. Les cadrans et les horloges s'accordent une troisième fois ce jour-là.

La Terre est alors très-près de l'aphélie T ; sa vitesse ne diminue presque plus ; l'arc journalier parcouru sur l'écliptique céleste est réduit à la plus petite longueur possible 57' 11'', et la cause d'avance est pour ainsi dire sans effet ; les degrés correspondans de l'écliptique terrestre sont très-peu obliques aux méridiens ; leur passage devant le Soleil est à sa plus grande durée, et partant cette cause de retard domine. Les cadrans retardent donc du 15 juin au solstice d'été. Après le 21 juin, leur retard journalier est plus grand encore, parce que la vitesse de la Terre commençant à croître, il y a deux raisons pour que le jour solaire augmente. Ses augmentations quotidiennes et par suite les retards des cadrans vont s'ajoutant, s'accumulant, tant que les degrés de l'écliptique terrestre mettent chacun plus de $4'$ à passer, puisque la vitesse de la Terre ne peut désormais diminuer qu'après le solstice d'hiver. Dans les derniers jours de juillet, le retard parvient à son plus haut terme, $10'$ environ. Il s'atténue ensuite, parce que la durée du passage de $1°$ devenue moindre que $4'$, produit une avance journalière supérieure au retard provenant de l'accélération du mouvement, encore très-petite.

Au 31 août, les cadrans et les horloges s'accordent une 4e fois; mais ensuite les premiers avancent, car les degrés de l'écliptique terrestre continuent à passer chacun en moins de $4'$, et l'arc parcouru journellement par la Terre, n'augmente pas assez pour compenser la diminution du jour solaire due à l'obliquité.

Au 21 septembre, quand notre globe est à l'équinoxe d'automne T''', le passage des degrés est à sa moindre durée, mais il continue ensuite de se faire en moins de $4'$, et par conséquent l'avance des cadrans persiste à augmenter, jusqu'au moment où la vitesse de la Terre, notablement accrue, cause un retard journalier capable de compenser l'avance quotidienne due à l'obliquité de l'écliptique, avance qui d'ailleurs diminue chaque jour.

C'est le 1er novembre, 38 jours seulement après l'équinoxe, que l'avance des cadrans parvient à son plus haut terme; elle est alors de $16' 12''$, et supérieure à celle de mai. Peu après, le passage d'un degré de l'écliptique terrestre dure $4'$; ensuite, il exige plus de temps encore; la Terre qui est alors vers le milieu de l'arc $T'''T'$, approche de sa plus grande vitesse, et les deux causes des variations du jour solaire contribuent à l'augmenter. L'avance de $16' 12''$ doit donc diminuer. Elle diminue effectivement de telle manière, que le 24 décembre, les cadrans et les horloges se retrouvent d'accord, comme une année auparavant.

Ainsi, les variations de la vitesse de la Terre et l'obliquité de l'écliptique se secondent ou se contrarient pour produire l'accord et le désaccord des cadrans et des horloges. L'accord existe 4 fois l'année : le 24 décembre, le 15 avril, le 15 juin et le 31 août. Les époques où le désaccord est le plus prononcé, sont la seconde semaine de février, le milieu de mai, la fin de juillet et le commencement de novembre : à la première et à la troisième, les cadrans retardent sur les horloges, tandis qu'ils avancent aux deux autres.

52. *Méridiennes des deux temps.* La droite selon laquelle le plan méridien d'un lieu coupe à midi le plan vertical d'un mur ou le plan horizontal d'une dalle, se nomme une *méridienne.* Si vous

placez perpendiculairement à ce plan méridien, une petite plaque métallique percée d'un trou rond dont le centre soit sur l'intersection de la plaque et du plan, il sera midi au Soleil, quand le rayon lumineux qui passera par le trou, rencontrera la méridienne. C'est ainsi que sont construits les bons cadrans solaires et c'est ainsi qu'ils marquent le milieu du jour variable. Mais, il est évident, d'après ce qui précède, qu'ils ne peuvent donner le midi des horloges, si ce n'est quatre fois l'année. Les points où tombe le rayon lumineux quand une bonne montre marque midi, forment une courbe ABCDEFGHIK du genre des lemniscates ou courbes en nœuds (F. 41); on l'appelle *méridienne du temps moyen;* la méridienne droite AE est dite *méridienne du temps vrai.*

Le point A répond au 24 décembre, B à un jour de la seconde semaine de février, M à l'équinoxe de printemps, C au 15 avril, D à la mi-mai, E au 15 juin, F au solstice d'été, G à un des derniers jours de juillet, H au 31 août, N à l'équinoxe d'automne, I au 1er novembre et K au solstice d'hiver. Effectivement, si vous regardez la méridienne AE, vous avez le Soleil à droite pendant toute la matinée, et le rayon du trou doit tomber à gauche de AE. Il ne sera donc pas encore midi au cadran, quand ce rayon frappera sur B ou sur G et que la montre marquera midi. Le soir vous aurez au contraire le Soleil à gauche, et le rayon du trou tombera à droite de AE. Il sera donc plus de midi au cadran, lorsque ce rayon éclairera I ou D.

Remarquez que la méridienne du temps vrai n'est pas l'axe de la méridienne du temps moyen, que cette courbe n'a aucune symétrie et que son nœud est hors de AE.

LA LUNE.

53. *Forme.* Nos yeux nous disent que l'astre qui nous éclaire pendant la nuit, a un disque circulaire. On pourrait en conclure que ce disque est la moitié d'une boule, d'une sphère, comme celui du Soleil, sachant d'ailleurs qu'au bord la lumière est plus forte qu'en toute autre partie (6); mais voici une preuve bien autrement frappante.

La Lune n'est point lumineuse par elle-même, puisqu'on cesse de la voir pendant ses éclipses, quoiqu'elle soit alors dans son plein et souvent très-élevée sur l'horizon. Sa lumière n'est autre que celle du Soleil qu'elle nous renvoie, comme font ces nuages éclatans de blancheur ou de pourpre, comme font les montagnes et les édifices élevés qui brillent des feux du matin ou du soir, quand tout ce qui est au-dessous se trouve plongé, pour ainsi dire, dans les ténèbres.

Or, sur une sphère éclairée, la séparation de l'ombre et de la lumière est toujours un cercle; elle est même un grand cercle, lorsque le corps éclairant se trouve infiniment éloigné, et le plan de ce grand cercle est perpendiculaire à la droite des centres (22). En outre, pour un œil placé à une grande distance, la partie visible d'une sphère est presque un grand cercle, perpendiculaire à la ligne de mire dirigée vers le centre. Enfin, l'étendue et la forme de la partie visible du disque éclairé dépend de l'angle de ces deux cercles ou de celui que font le plan de mire et le plan des centres. Supposez d'abord que ces deux plans se confondent en un seul OE (F. 42) et que le globe éclairé G soit placé entre l'œil O et le corps éclairant E, vous ne verrez que la partie obscure; la partie brillante ABC sera toute entière à l'opposite. Mettez la sphère en G'; le plan des centres EG' sera sensiblement parallèle à sa première position EG, vu l'extrême éloignement du corps lumineux E, mais il n'en sera pas de même du plan de mire OG' par rapport à sa première position OG, si la distance OG, quoique très-grande, l'est pourtant beaucoup moins que EG. La position G' fera donc faire aux deux plans, un angle obtus OG'E; la partie visible AG'B du disque éclairé sera environ $\frac{1}{8}$ de la surface sphérique, et ce huitième aura la forme d'un croissant C', dont les cornes seront tournées vers la gauche. En G'', où les deux plans sont d'équerre, vous verrez AG''B ou $\frac{1}{4}$ de la surface, et ce quart aura la forme Q'. En G''', la partie visible AG'''B du disque éclairé égalera $\frac{3}{4}$ et se présentera sous l'aspect C''.

Si vous placez la sphère en g, de manière que le plan de mire se confonde de nouveau avec le plan des centres et que l'œil se trouve entre les deux corps, vous verrez tout le disque éclairé ABD. En g', vous aurez le même aspect C''' qu'en G''', seulement les cornes du croissant obscur seront tournées vers la gauche au lieu de l'être vers la droite. En g'', même vue Q'' qu'en G'', mais en sens inverse. Finalement, la position g''' produira un croissant éclairé, comme la position G', à cela près que les cornes seront à droite, au lieu d'être à gauche.

Si vous considérez maintenant que les divers aspects sous lesquels se présente une boule éclairée, quand cette boule et l'œil changent de positions respectives, sont précisément les mêmes que les aspects ou *phases* de la Lune, vous ne pourrez vous empêcher d'attribuer la forme sphérique à cet astre.

Rien n'est donc mieux prouvé que la sphéricité de la Lune. Toutefois cette sphéricité est imparfaite, comme celle de la Terre (14) : un des diamètres est moindre que ceux qui lui sont perpendiculaires, et de là résulte un aplatissement, mais un aplatissement bien moins considérable que celui de notre globe. En outre, les diamètres perpendiculaires au plus petit ne sont pas tous égaux, nous en verrons plus loin la raison. Par conséquent, la Lune n'est pas limitée par une surface de révolution. Des plans passant par le plus petit diamètre la couperaient selon des ovales inégales, irrégulières, et le plan des diamètres perpendiculaires donnerait aussi une ovale irrégulière.

54. *Distance à la Terre.* Vous concevrez aisément que la méthode employée pour mesurer la distance du Soleil à la Terre (2), a pu servir pour déterminer celle de la Lune. On a obtenu 86 000 lieues, et il y a certitude que les erreurs commises ne peuvent s'élever à 50 lieues. Si vous divisez 33 525 322^l par 86 000^l, vous trouverez que l'éloignement de la Lune est seulement la 390e partie de celui du Soleil. Mais, il est à observer qu'on est bien plus sûr de la distance du premier astre que de celle du second. Les erreurs commises dans la mesure de cette dernière et même dans la mesure des distances de tous les autres corps célestes, peuvent former $\frac{1}{37}$ du résultat. Voilà pourquoi il existe parfois une différence d'un million de lieues entre les distances du Soleil à la Terre, prises dans des livres différens. Ainsi, le célèbre géomètre *Laplace*, que j'ai suivi, compte 33 525 322 lieues, tandis que l'astronome *Lalande* compte 34 557 480 lieues. Mais heureusement, la différence, quoique énorme, n'empêche pas l'accord des résultats importans, pour le calcul des quels il a fallu employer la distance du Soleil.

55. *Diamètre et volume.* On a mesuré le diamètre de la Lune par le même moyen qui a servi à déterminer celui du Soleil, et l'on a trouvé qu'il est à très-peu près les $\frac{3}{11}$ du diamètre moyen de la Terre. Or, les $\frac{3}{11}$ de 2 870 lieues donnent en nombre rond 783 lieues; telle est donc la longueur du diamètre de la Lune.

Vous trouverez aisément que la circonférence du disque contient 481 520 lieues carrées, et que la superficie totale de la Lune est de 1 926 080 lieues carrées. Quant au volume, il est à celui de la Terre comme 27 est à 1 331, puisque les sphères sont comme les cubes numériques de leurs diamètres. La Lune n'est donc que la 49e partie de notre globe.

56. *Nature de la Lune.* Le télescope fait voir sur le disque lunaire, de nombreuses taches très-prononcées qui varient de position et semblent tourner autour d'un des points brillans, en restant toujours opposées au Soleil. Comme ce serait précisément ainsi que se comporteraient les ombres de nos hautes montagnes, aux yeux d'un observateur placé sur la Lune, on a été conduit à penser que la surface de cet astre est couverte de fortes aspérités. Il le faut bien d'ailleurs, pour que la ligne qui sépare l'ombre de la lumière, ait la dentelure qu'elle présente : sur une boule unie cette ligne serait un cercle nettement tracé. Enfin, on a découvert des points brillans dans la partie obscure, à $\frac{1}{5}$ de rayon de sa limite. Comment ces points seraient-ils éclairés, s'ils ne s'élevaient assez au-dessus des autres pour être atteints par les rayons lumineux tangens au globe de la Lune?

Croirez-vous qu'on ait pu mesurer d'ici la hauteur de ces montagnes? Cela vous semblera probablement impossible, et pourtant l'opération se réduit à un calcul fort simple. Soit A un des points éclairés situés dans la partie obscure (F. 43) et SA le rayon du Soleil qu'il reçoit. BC, rayon de la Lune, égale 392 lieues; AB vaut $\frac{1}{13}$ de ce nombre ou 30 lieues. Le triangle ABC est rectangle, puisque SA est tangent au point B, et conséquemment AC vaut la racine quarrée de la somme des quarrés des nombres 392^l et 30^l. AC égale donc $393^l,14$. Retranchant 392^l longueur du rayon CD, il reste $1^l,14$ pour la hauteur de la montagne AD. Ainsi, la Lune a des montagnes presque aussi élevées que le Mont-Blanc.

Puisque la lumière des bords du disque est plus forte que celle du centre, la Lune ne peut avoir une atmosphère très-haute, ni composée d'une matière aussi pesante que notre air (6). Mais il y a plus, on peut mettre en doute l'existence de l'atmosphère lunaire; car lorsque la Lune L passe devant une étoile E (F. 44), elle ne nous la cache ou l'éclipse qu'autant de temps qu'il lui en faut pour parcourir une longueur égale à son diamètre. Si elle avait une atmosphère, les rayons de l'étoile E s'y courberaient, iraient tomber en A et cesseraient de parvenir à l'œil O, avant que la lune fût arrivée sur la droite OE. Vers la fin de l'éclipse, ils tomberaient en B, et nous ne reverrions pas encore l'étoile, qu'elle serait pourtant déjà démasquée. L'éclipse durerait donc au moins tout le temps que la Lune mettrait à parcourir la droite CD plus grande que son diamètre.

De ce que la Lune est privée d'atmosphère ou de ce que celle qu'elle peut avoir est très-peu étendue et renferme très-peu de matière, il suit nécessairement qu'à la surface de cet astre ne se trouve aucun liquide; car si un seul pouvait y surgir, il se convertirait soudain en vapeur, comme fait l'eau qu'une machine pneumatique décharge du poids de l'air. Le globe lunaire est donc entièrement solide. Le télescope le montre en effet tout aride et volcanisé. On a même observé plusieurs fois, dans la partie obscure, des étincelles qui ne peuvent être que de fortes éruptions volcaniques.

L'aridité de la Lune, son défaut d'atmosphère aérienne prouvent suffisamment que si des êtres vivent sur ce globe, leur organisation est bien différente de celle des êtres terrestres. Il n'y a donc pas à se demander s'il y a des hommes dans la Lune; l'homme ne pourrait pas plus y vivre que dans l'eau ou sous terre ou à la limite de notre atmosphère.

Il résulte encore de la privation d'une enveloppe, que la Lune est un corps très-froid; la température doit être constamment au-dessous de la glace fondante là où ne tombent point les rayons solaires, puisqu'ici malgré nos 25 lieues d'air, un ciel clair suffit pour rendre les nuits froides. Aussi la Lune absorbe-t elle toute la chaleur des rayons solaires qu'elle nous renvoie: sa lumière concentrée par la fameuse lentille de Paris, n'a produit aucun effet sur le thermomètre le plus sensible, et pourtant cette lentille présentée au Soleil, fond presque subitement l'argent, l'or et même le fer forgé qu'on place au foyer.

On estime que la lumière de la Lune est 3oo mille fois plus faible que celle qui nous parvient directement du Soleil.

Révolutions et rotation de la Lune.

57. *Révolution mensuelle.* La Lune semble tourner autour de nous en 24^h; mais ce n'est là qu'une apparence : elle n'a pas plus de révolution journalière que les étoiles et le Soleil ; la rotation de la Terre (3o) suffit pour expliquer comment la Lune paraît cheminer d'orient vers l'occident, en même temps que tous les autres astres. Il ne faut pourtant pas la croire fixe : bien loin de l'être, elle a, comme la Terre, un mouvement de révolution et un mouvement de rotation. Commençons par nous convaincre de l'existence du premier.

Lorsque la Lune est nouvelle, on la perd de vue durant 3 à 4 jours. Ce terme expiré, le télescope la fait apercevoir pendant le jour, tout près du plan OE qui contient le centre O de la Terre et celui E du Soleil, mais à gauche (F. 42), et les yeux suffisent pour la voir le soir, à l'occident, près de l'horizon, dès que le crépuscule est suffisamment affaibli. Elle paraît alors un filet de lumière courbé en croissant C' dont les cornes sont tournées du côté opposé au Soleil.

Quatre jours après, la Lune est à son premier quartier Q' et se trouve près de notre méridien, quand le Soleil se couche. Il y a donc environ 9o° entre le plan OG'' qui contient le centre du premier de ces astres, et le plan OE qui contient toujours celui du second. La Lune a donc cheminé de 9o° vers l'orient, depuis l'instant où elle était nouvelle ; car l'arc GG'G'' ne peut être attribué au mouvement de la Terre sur l'écliptique : ce mouvement qui se fait d'orient en occident, devrait plutôt diminuer qu'augmenter l'angle GOG', si la Lune était fixe comme le Soleil : une nouvelle position O' de la Terre donnerait effectivement un angle GO'G' moindre que GOG'.

Trois à quatre jours après le premier quartier, la Lune est dans la phase C'', nommée deuxième *octant* ou huitième, et se trouve à environ 45° du méridien OM, quand le Soleil se couche. Elle a donc parcouru 135° vers l'orient, depuis l'époque où elle était nouvelle.

Quatre jours plus tard, la Lune est dans son plein ; elle se lève en même temps que le Soleil se couche, et par conséquent 18o° la sépare de cet astre. Le lendemain elle entre dans son *décours* ; au bout de 3 à 4 jours nous avons la phase C''' ou troisième octant, et la Lune se lève environ 3 heures après le coucher du Soleil. Elle a donc encore parcouru 45 autres degrés vers l'orient, ou bien nous sommes obligés pour la revoir, de tourner encore de 45°, après avoir perdu de vue le Soleil, puisqu'une heure répond à 15° de rotation (9).

Lorsque 4 autres jours sont écoulés, la Lune parvenue à son dernier quartier Q″, ne se lève qu'au milieu de la nuit. Elle a donc marché encore de 45° vers l'orient durant ces 4 jours, ou bien elle a parcouru 270° depuis l'époque où elle était nouvelle.

Trois à quatre jours après le dernier quartier, la Lune dans son *déclin*, ou quatrième octant, présente de nouveau un croissant, mais les cornes en sont tournées vers l'occident. Son lever précède alors celui du Soleil de trois heures seulement, ce qui montre que 45° ont été parcourus depuis la phase précédente.

Enfin, après le croissant du déclin, la partie visible du disque éclairé diminue de plus en plus ; l'intervalle qui sépare le lever de la Lune et celui du Soleil va aussi en diminuant. On est donc en droit de dire que les deux astres se lèvent et se couchent en même temps, lorsque vient le moment où le premier cesse de paraître. Il s'ensuit qu'alors la Lune se trouve avoir parcouru 360° autour de la Terre O, et d'occident en orient. C'est parce que cette révolution s'exécute à peu près en un mois, qu'elle est dite *mensuelle*.

A une pareille révolution, en succède une autre, puis à celle-ci une troisième, et ainsi de suite. La Lune accompagne donc constamment notre globe. C'est pour cela qu'elle est souvent appelée le *satellite* de la Terre.

58. *Lumière cendrée*. Les différentes positions que prend la Lune par rapport au Soleil et à la Terre, expliquent bien les diverses phases, quand on les rapproche de celles où nous avons mis une sphère éclairée. Nécessairement, elle doit présenter des aspects analogues à ceux de cette sphère, puisqu'elle se meut à peu près de la même manière. Mais, si la révolution de la Lune vous apprend pourquoi la partie brillante forme tantôt un croissant, tantôt un demi-cercle, vous ignorez encore pourquoi la partie obscure est visible. Puisque nous la voyons, elle nous renvoie de la lumière ; mais cette faible lumière qui ne peut venir du Soleil, d'où la reçoit-elle ? de la Terre : notre globe renvoie aussi à son satellite les rayons solaires affaiblis, et ils nous reviennent par une seconde réflexion, beaucoup plus affaiblis encore. Une preuve qu'il en est ainsi, c'est que la *lumière cendrée* de la partie obscure est plus forte à l'époque des croissans qu'à celle des quartiers. Lorsqu'il y a croissant de Lune pour la Terre O (F. 42), il y a presque *pleine Terre* pour la Lune, et comme notre globe est 49 fois aussi gros que son satellite, celui-ci se trouve beaucoup mieux éclairé que nous ne le sommes par la pleine Lune, tandis qu'à l'époque des quartiers, la Terre en quartier aussi, ne montre à la Lune que la moitié MOK de sa partie éclairée et y verse beaucoup moins de lumière. Dans le deuxième et le troisième octant, on ne voit presque pas la partie obscure ; la Terre n'éclaire alors son satellite que par un faible croissant.

Vous conclurez de là peut-être que la lumière cendrée devrait nous faire voir la Lune quand elle est nouvelle, puisqu'alors cet astre a tout-à-fait pleine Terre. Mais, pour qu'il en fût ainsi, il faudrait que la nuit régnât, et au contraire, c'est durant le jour que la Lune se trouve sur notre horizon, quand elle est nouvelle, puisqu'alors elle se lève et se couche avec le Soleil. Vous concevrez sans peine que l'éclat du jour qui efface les plus belles étoiles, rende la lumière cendrée absolument insensible pour l'œil nu ; c'est seulement au moyen du télescope qu'on peut l'apercevoir.

Le contraste de la lumière cendrée et de la lumière brillante du croissant nous fait attribuer à ce croissant un diamètre plus grand que celui de la partie obscure. Il faut regarder la Lune dans une lunette ou par un tout petit trou, pour détruire l'illusion. Sa cause est appelée *irradiation*.

59. *Orbite de la Lune.* Les 86 mille lieues comptées de la Lune à la Terre (54) ne donnent que la distance moyenne. L'éloignement des deux corps n'est pas constant, puisque le diamètre apparent du premier varie de $4'$ en 14 jours. Quand il est de $29' \frac{1}{2}$, la Lune est à son *apogée*, c'est-à-dire à sa plus grande distance de la Terre ; quand on le trouve de $33' \frac{1}{2}$, l'astre est à son *périgée*, c'est-à-dire à sa moindre distance.

La courbe suivie dans les cieux par la Lune est donc une espèce d'ellipse dont la Terre occupe l'un des foyers. L'excentricité FC (F. 28) égale 0,055 du demi-grand axe BC ou de 86 000[l] : elle est effectivement de 4730[l], car la distance périgée FB a été trouvée de 81 270[l]. Ainsi, l'orbite de la Lune diffère bien plus du cercle que l'orbite de la Terre (32).

Les observations ont appris que la plus grande hauteur à laquelle la Lune s'élève au-dessus de l'horizon, dans notre méridien, surpasse de $5° 8' 49''$ la plus grande hauteur méridienne du Soleil, c'est-à-dire que l'angle L'AH formé sur l'horizontale AH d'un point A de la Terre (F. 45), par une ligne de mire AL' dirigée vers la Lune, excède parfois de $5° 8' 49''$ l'angle S'AH dû au Soleil. Comme AL', AS' sont parallèles aux droites des centres TL, TS, à cause du très-grand éloignement des deux astres, l'angle LTS $=$ L'AS'. Le premier est donc aussi de $5° 8' 49''$, et il s'ensuit que le plan de l'orbite lunaire qui contient la droite TL, fait avec celui de l'écliptique où se trouve TS, un angle de $5° 8' 49''$. Cette indication n'est pourtant qu'une moyenne, car les attractions des autres corps célestes font varier l'inclinaison d'environ $17' 30''$.

Les plans des deux orbites se coupent suivant une ligne droite qui passe par le centre T de la Terre. Les deux points où cette droite rencontre l'orbite de la Lune, sont les *nœuds* de l'astre. Notre satellite se trouve donc dans le plan de l'écliptique, chaque fois qu'il arrive à un de ses nœuds.

Le grand axe de l'orbite lunaire ni la ligne des nœuds ne sont des droites de positions fixes. La première pivote vers l'occident, d'à peu près 3° par mois, sur le foyer occupé par la Terre, et ne revient qu'au bout de 9 ans, dans le plan où elle se trouve en un instant donné, avec certaines étoiles. La ligne des nœuds rétrograde d'orient en occident d'environ 30° en 18 mois; elle fait donc un tour complet autour de la Terre à peu près en 19 années, plus exactement, en 18 années et 223 jours. C'est l'attraction du Soleil qui produit ces mouvemens, en troublant celui de la Lune. Elle augmente aussi l'excentricité, quand elle s'exerce selon le grand axe de l'orbite.

60. *Inégalités de la Lune.* La même attraction aidée ou contrariée par celles des autres corps célestes, rend le mouvement de la Lune extrêmement irrégulier. Mais les observations et l'application des principes de la Mécanique, ont permis d'apprécier toutes les causes d'irrégularité et de déterminer leurs effets. On a reconnu ainsi 24 *inégalités* plus ou moins fortes dans la marche de notre satellite, c'est-à-dire qu'il se trouve, pendant sa révolution, 24 fois en retard ou en avance, par rapport au point où il devrait être, s'il parcourait son orbite d'un mouvement uniforme. Il existe même une petite inégalité séculaire qui fait que la révolution lunaire dure aujourd'hui 22 tierces de moins qu'elle ne durait il y a 2000 ans. Cependant, la marche du satellite de la Terre est parfaitement connue : on a des tables de la Lune qui permettent de déterminer à moins d'une minute de degré près, le point du ciel où se trouvera l'astre dans un instant donné, cet instant fût-il même à plusieurs siècles de l'époque actuelle. Jamais effectivement les observations des astronomes ne donnent une position qui diffère d'une seule minute de celle qui résulte des tables. Aussi ces tables sont elles regardées comme une des plus belles et des plus importantes applications de la science moderne, comme un des plus remarquables monumens de l'esprit humain. C'est à elles qu'est dû l'état de perfection où se trouve aujourd'hui l'art de se diriger sur mer.

61. *Syzygies et quadratures.* On appelle *syzygies* les positions où se trouve un astre quand son centre est dans le plan qui contient celui de la Terre et celui du Soleil : ce mot signifie que les trois corps sont comme liés les uns aux autres. La syzygie dans laquelle l'astre est placé entre le Soleil et la Terre, se nomme *conjonction;* celle où la Terre sépare les deux autres corps, est dite *opposition.* La Lune est donc en conjonction lorsqu'elle est nouvelle, en opposition lorsqu'elle est pleine, et ces deux époques sont ses syzygies; celles du premier et du second quartier se nomment *quadratures.*

62. *Durées des révolutions mensuelles.* Il y a trois manières de compter les révolutions mensuelles de la Lune. On peut prendre

pour unité ou l'intervalle d'une conjonction à la conjonction suivante, ou le temps qui sépare les époques auxquelles l'astre a la même hauteur méridienne, ou la durée du retour à la même étoile. La première unité se nomme *lunaison, mois lunaire, révolution synodique;* cette dernière expression signifie que la Terre, la Lune et le Soleil se retrouvent dans le même chemin, dans le même plan. La seconde unité est appelée *révolution périodique,* et l'on donne le nom de *révolution sidérale* à la troisième.

Chaque lunaison est de 29^j 12^h $44'$ $3''$. Le retour à la même hauteur méridienne ou au même point de l'orbite, s'exécute en 27^j 7^h $43'$ $4''\!,5$, correction faite de la variation causée par celle de l'inclinaison (59). A ce dernier nombre, il faut ajouter $7''$ pour avoir la durée de la révolution sidérale; elle est donc de 27^j 7^h $43'$ $11''\!,5$.

D'où proviennent les différences qui existent entre ces trois laps de temps? je vais vous l'apprendre. Supposez la Lune L en conjonction (F. 46). Le plan TLS qui contient le centre de cet astre, celui de la Terre et celui du Soleil, contiendra aussi une certaine étoile E. Supposez encore que notre globe soit dans la position t quand la révolution périodique est achevée. La Lune l se trouvera dans un plan tl, et ce plan sera parallèle au plan TL, si vous négligez les inégalités (60), qui sont de peu de conséquence au bout d'un mois. Or, pour qu'il y ait de nouveau conjonction, il faut que notre satellite arrive en l' dans le plan tS, ou parcourre l'arc ll'; cet arc a autant de degrés que l'arc Tt décrit par la Terre, puisque l'angle ltS $= t$ST; Tt est d'à peu près 27°, puisqu'il répond à 27^j 7^h $43'$ $4''\!,5$ et que 360° répondent à l'année sidérale qui est de 365^j 6^h $9'$ $12''$; enfin l'arc ll' de 27° exige plus de 2 jours pour être parcouru par la Lune, puisque 360° demandent 27^j 7^h $43'$ $4''\!,5$. Par conséquent, chaque conjonction doit retarder de plus de 2 jours sur le retour de la Lune au même point de son orbite, et la révolution synodique surpasse 29 jours, la périodique étant de 27^j $\frac{1}{4}$ environ.

Si maintenant nous considérons l'écliptique céleste comme un cercle dont le diamètre contient 67 millions de lieues (30), nous trouverons 210 millions de lieues pour la circonférence de ce cercle, et parce que la Terre le parcourt en 365 jours, elle fait 15 680 000 lieues en 27^j $\frac{1}{4}$. L'arc Tt renferme donc ce nombre de lieues. Une telle distance est trop grande pour qu'on admette le parallélisme des plans TE, tE qui passent par une étoile E et par les deux positions T, t de notre globe. Le plan tE n'est donc pas parallèle non plus au plan tl, et par suite, la Lune, après avoir achevé sa révolution périodique, ou après être revenue au point l de son orbite, est obligée de parcourir l'arc ll'' pour se retrouver, comme au point L, en conjonction avec la Terre et l'étoile E. Cependant, la distance TE étant beaucoup plus grande que Tt, il s'en faut de peu que les plans TE, tE ne soient parallèles.

Les angles égaux TE*l*, *lll''* sont donc très-petits; l'arc *ll''* peut être parcouru en 7'', et la révolution sidérale n'excède que de ces 7'' la révolution périodique.

63. *Rotation de la Lune.* Des observations suivies ont appris que le disque lunaire présente constamment les mêmes taches et que ces taches y occupent toujours à fort peu près les mêmes emplace-mens. C'est donc la même moitié de la Lune qui se trouve tournée vers nous, pendant toute la révolution de l'astre. Or, si la moitié ABD que nous voyons quand la Lune se trouve en g'' (F. 42) est la même que la moitié ABD qui s'offre à nos yeux dans la position G'', il faut nécessairement que le globe ait tourné de 180° sur une droite passant par le centre, ou qu'un mouvement de rotation lui ait fait faire un demi-tour; car si ce globe ne tournait pas, évidemment nous verrions en g'' la moitié AFD qui était invisible en G''. Et puisque $14^{j}\frac{1}{2}$ après le dernier quartier Q'', nous revoyons dans le premier quartier Q', la même moitié ABD, la Lune a fait un second demi-tour : elle a complété un tour entier sur elle-même; elle a terminé sa rotation. Cette rotation s'accomplit donc dans le même temps que la révolution synodique, phéno-mène qui n'est pas particulier au satellite de la Terre : on connaît effectivement plusieurs autres petits corps célestes dont la rotation a la même durée que la révolution.

Par rapport à un observateur qui regarde la Lune, la rotation de cet astre s'exécute de gauche à droite ou d'orient en occident, en sens contraire de la révolution (57). Transportez le cercle G'' en g, sans le faire tourner; la droite FB se placera sur AD. Mais, la rotation lui donne la position HB : c'est donc que le point B a parcouru l'arc DB, de D vers B ou de la gauche à la droite d'un observateur placé sur la Terre O.

De ce que la Lune tourne toujours le même disque vers notre globe, il suit que c'est toujours le même diamètre qui se trouve dirigé vers la Terre. Les points qui avoisinent l'extrémité visible B' de ce diamètre sont donc constamment plus près de nous que les autres, et par suite, plus fortement attirés. Le rayon GB' doit donc être le plus long de tous. Voilà pourquoi il y a inégalité entre les diamètres de la Lune situés dans un même plan (53). Le calcul montre que la plus grande différence doit s'élever à 280 pieds environ.

De la permanence des points de la Lune placés en regard de la sphère terrestre, il suit encore que si elle porte des êtres intelli-gens, ceux qui habitent l'autre moitié ne jouissent jamais du *clair de Terre*. Il faut qu'ils fassent un voyage, et plusieurs, un long voyage, pour admirer le bel astre qui par ses phases dissipe les ténèbres de la nuit dans l'hémisphère favorisé. Ce spectacle doit être pour eux l'objet d'un vif désir, et peut-être est-il d'usage de se le procurer une fois dans la vie, comme il est d'usage chez les turcs d'aller visiter La Mecque, leur ville sainte.

Il résulte enfin de l'égalité qui existe entre la durée de la rotation lunaire et celle de la révolution, que le jour et la nuit, pour certains points de la Lune, sont constamment de 14 à 15 fois 24 heures. Vous voyez en effet qu'en G'', le Soleil se lève pour le point B ; qu'en g, ce même point est au milieu de son jour ; qu'en g'', il voit le Soleil se coucher, et qu'en G, où il a la position B', il est au milieu de sa nuit. Or, l'arc $G''gg''$ fait la moitié de l'orbite lunaire, et son parcours exige la moitié du temps de la révolution synodique ; c'est-à-dire 14^j 18^h.

64. *Inclinaison de l'axe lunaire.* Les points de la Lune qui ont constamment un jour et une nuit de 354 heures, sont ceux de l'équateur de ce globe, grand cercle perpendiculaire à l'axe de rotation. Les autres points ont, comme nous, de grands et de petits jours dont la durée moyenne est pourtant aussi de 354 heures. Cela vient de ce que l'axe de la Lune est incliné de 83 degrés sur l'orbite ou de 88 sur l'écliptique (59) et de ce que les diverses positions de cet axe sont parallèles, comme celles du nôtre.

Pour que l'inclinaison de l'axe lunaire sur l'orbite soit de 83°, il faut que celle de l'équateur soit de 7°, attendu que ce cercle et la droite sont d'équerre. Mais, comment a-t-on pu déterminer l'angle de l'équateur et de l'orbite ? on a d'abord soupçonné l'existence de cet angle, en voyant le milieu d'une tache qui avait la position A au premier quartier (F. 47), prendre au dernier la position A' bien plus voisine du centre apparent C ou C'. On s'est dit que si l'équateur lunaire ni ses parallèles n'étaient inclinés par rapport à l'orbite LL', la tache A décrirait un cercle parallèle à cet orbite et se trouverait à la même distance du centre apparent, durant toute la révolution. Remarquant ensuite que les positions A, A' du centre de la tache se reproduisent constamment, aux époques des quartiers, les astronomes ont dû admettre l'invariabilité de l'angle formé par l'équateur EL sur LL', ou le parallélisme de l'axe de rotation PL. Enfin, pour déterminer l'inclinaison ELC ou $E'L'C'$, ils ont pris la moitié de la différence des deux distances AC, $A'C'$. Effectivement, l'arc $EC = AC - AE$; l'arc $E'C' = A'E' - A'C'$; $AE = A'E'$ puisque chaque point du globe lunaire reste toujours à la même distance de l'équateur ; $E'C' = EC$ attendu que les angles ELC, $E'L'C'$ sont alternes-internes ; par conséquent, la seconde égalité peut devenir $EC = AE - A'C'$. Ajoutant chaque partie de celle-ci à la partie correspondante de la première $EC = AC - AE$, nous obtiendrons $2EC = AC - AE + AE - A'C'$. Or, $+ AE$ et $- AE$ se détruisent. Il reste donc $2EC = AC - A'C'$ ou $EC = \dfrac{AC - A'C'}{2}$,

65. *Librations.* L'abaissement et l'exhaussement alternatifs des taches de la Lune constituent l'un des phénomènes qu'on appelle

librations. Ce balancement qui nous découvre successivement chacun des pôles P, *p*, en nous dérobant l'autre (F. 47), n'est au fond qu'une apparence produite par l'inclinaison de l'équateur lunaire sur l'orbite. Il diffère donc essentiellement de la nutation (33), balancement réel que possède aussi l'axe de la Lune, mais qui, pour cet astre, est insensible pendant la durée d'une révolution.

Outre la libration perpendiculaire au plan de l'orbite, la Lune en a une autre parallèlement à ce même plan. Elle provient de ce que le mouvement de rotation est régulier, tandis que celui de révolution ne l'est pas. Observez une tache A (F. 48) dont le milieu se trouve dans le plan des centres TL, au moment de l'opposition. C'est seulement après 7^j et 9^h, que ce milieu aura décrit un arc de 90° parallèle à l'équateur lunaire, puisqu'il fait un tour complet en $29^j 12^h$. Mais, si le centre L de la Lune a terminé plus tôt le quart de sa révolution, il se trouvera en L′ avant que le milieu de la tache ait parcouru 90°, et ce milieu occupera une position A′, à gauche de la partie obscure. A d'autres époques, les taches sont en avance, au lieu d'être en retard. La Lune semble donc pivoter sur son axe, tantôt dans un sens, tantôt dans le sens contraire. C'est cet espèce de balancement qui a fait découvrir la régularité de la rotation dont il est l'effet.

66. *Révolution annuelle*. La Lune, obligée de suivre notre globe, tourne avec lui autour du Soleil, en une année. Pendant cette révolution, elle décrit un cercle, chaque mois, autour du centre de la Terre, qui lui-même décrit un autre cercle en 12 mois autour du Soleil. La courbe que trace son centre dans les cieux est donc une épicycloïde composée de 12 arcs (F. 49). Les points de rebroussement L, L′,.... de cette épicycloïde sont sur un cercle concentrique à l'écliptique céleste, dont le rayon SL égale le rayon ST de l'orbite terrestre, diminué du rayon TL de l'orbite lunaire.

Vous sentez bien que les 12 arcs de l'épicycloïde ne peuvent se trouver dans le même plan, puisque le cercle décrit par la Lune est incliné sur l'écliptique. Chaque arc doit même se trouver ployé comme le cintre d'une porte percée dans une tour conique, ou, en d'autres termes, avoir deux courbures

Chaque arc de la courbe annuelle correspond à une révolution synodique de la Lune (62), attendu qu'à chaque point de rebroussement L, L′,..... l'astre se retrouve en conjonction. Or, 12 mois lunaires font $354^j 8^h 48' 36''$, et l'année solaire se compose de $365^j 5^h 48' 48''$. La Lune est donc depuis $10^j 21^h 0' 12''$ dans sa treizième révolution synodique, quand finit l'année commencée à l'instant d'une syzygie. Il s'ensuit que la courbe annuelle de la Lune ne se ferme pas à la fin de chaque année solaire: les points de rebroussement d'une révolution ne tombent pas sur ceux de la précédente; ce n'est même qu'au bout d'un grand nombre d'années que ces points peuvent se retrouver exactement dans les mêmes positions.

67. *Clair de lune des pôles.* Je dois, avant de terminer ce chapitre, vous faire remarquer la durée du clair de lune à nos pôles. Elle est de 14 jours $\frac{3}{4}$, moitié de la révolution synodique. Cela vient de ce que l'équateur, horizon rationnel des pôles, partage l'orbite lunaire en deux parties presque égales (59). Pendant que notre satellite parcourt la partie boréale, il éclaire constamment le pôle-nord; pendant qu'il décrit la moitié australe, il est toujours visible du pôle-sud (44). Ainsi, des cinq demi-mois de nuit qu'a chaque pôle, il en est deux et quelquefois trois où les ténèbres sont dissipées par le clair de lune. Ces régions n'ont donc tout au plus que six semaines de nuit sombre, divisées en trois quinzaines par les phases brillantes du satellite de la Terre.

ÉCLIPSES.

68. *Définitions.* On dit qu'un astre est *éclipsé*, quand, par un ciel pur, il cesse d'être visible en tout ou seulement en partie, quoiqu'élevé sur l'horizon. La disparition du disque lumineux ou *l'éclipse* est causée soit par un corps qui vient se placer entre l'œil et l'astre, soit par un corps qui empêchant l'astre de recevoir les rayons du Soleil, le rend obscur momentanément. Vous aurez un exemple du premier cas, si pendant une nuit sombre, quelqu'un vient à passer entre vous et une lumière placée au milieu d'un champ : cette lumière deviendra invisible et vous vous trouverez dans une obscurité complète, au moment où la personne sera dans votre ligne de mire. Pour avoir une idée juste du second cas, tenez à la main une pièce de 5^f, de manière qu'elle soit éclairée par la lumière, toujours placée au milieu d'un champ ; vous verrez ce disque briller des rayons qu'il réfléchira vers votre œil ; mais vous cesserez de l'apercevoir, si votre propre corps se place entre la pièce et la lumière, sur la direction même des rayons.

Il y a pour nous des éclipses de soleil, des éclipses de lune et des éclipses d'étoiles. Les premières sont analogues à celle de la lumière, dans le premier des deux exemples précédens ; les secondes ont pour image exacte, l'éclipse de la pièce de 5^f. Comme les dernières rentrent dans le cas des éclipses de soleil, qu'elles n'ont rien de remarquable et qu'elles n'intéressent guère que les astronomes, nous ne nous en occuperons point.

69. *Causes des éclipses.* C'est toujours dans les syzygies qu'arrivent les éclipses: celles de soleil, à l'époque de la nouvelle lune, celles de lune quand la Lune est pleine (61). Vous devez en conclure, comme les plus anciens observateurs, que les premières sont causées par la Lune qui vient se placer entre la Terre et le Soleil, et que les secondes sont occasionnées par la Terre, quand elle se trouve sur une des droites qui vont du Soleil à la Lune.

.70. *Conditions des éclipses*. Pour qu'il y ait éclipse de l'un ou de l'autre des deux astres, il faut que la Lune entre dans le cône BAC qui embrasse tangentiellement le Soleil et la Terre (F. 50). Ce cône a deux parties : celle qui se trouve entre les deux globes tangens, est formée de rayons lumineux; celle qui s'étend de la Terre T au sommet A, est sombre; c'est l'ombre de notre globe. Il y a éclipse de lune toutes les fois que la Lune passe dans ce cône d'ombre ; éclipse de soleil, quand la Lune intercepte un faisceau des rayons du tronc de cône BDEC.

Il s'ensuit, comme vous allez voir, qu'il n'y a pas éclipse dans toutes les syzygies. Donnons au plan LL' de l'orbite lunaire, sa moindre inclinaison 5° sur le plan ST de l'écliptique (59), et considérons la conjonction qui a lieu quand la Lune est en L, à sa distance moyenne de la Terre 86 000^l. Nous trouverons, au moyen des tables qui fournissent les perpendiculaires des angles, que la distance LH du centre de la Lune à l'axe AS du cône, est de 7 493^l,6 et que TH = 80 273^l. Or, AS = 33 801 500^l, d'après le calcul de la page 26; TS, distance de la Terre au Soleil (2), contient 33 525 322^l; par conséquent AT = 276 278^l et AH = AT + TH = 356 551^l. Calculant le quatrième terme de la proportion AS : AH :: SC : HI, dans laquelle SC, parallèle à HI, peut être considérée comme le demi-diamètre du Soleil (3) qui est de 157 500^l, nous trouverons HI = 1 661^l,4, et nous en conclurons que LI = LH — HI = 5 832^l,2. Le centre L de la Lune se trouve donc à environ 5 832^l,2 du tronc de cône BCED. Le rayon de cet astre (55) étant de 391^l, est contenu près de 15 fois dans cette distance; conséquemment, un grand nombre de conjonctions peuvent avoir lieu sans occasionner la moindre éclipse de soleil.

Quant aux oppositions, il est clair que si L'T est aussi de 86 000^l, L'I' parallèle à LI surpassera de beaucoup 5 832^l,2. Donc, pour que *li* soit seulement d'un peu plus de 391^l ou pour que le globe lunaire touche le cône d'ombre, le centre *l* de la Lune devra se trouver fort éloigné de L'. Un grand nombre d'oppositions peuvent donc avoir lieu entre L' et *l*, sans causer la plus petite éclipse de lune.

Il est aisé de sentir, d'après cela, que les conditions des deux sortes d'éclipses sont que les syzygies arrivent quand la Lune est peu éloignée de ses nœuds, qui dans la figure 50 sont représentés tous deux par le point T (59). Pour que les conjonctions produisissent toutes des éclipses de soleil, il faudrait que l'inclinaison de l'orbite lunaire fût de beaucoup plus faible et que sa diminution rapprochât le point L du point I d'environ 14 fois 391^l. Pour qu'il y eût éclipse de lune dans toutes les oppositions, la distance L'I' devrait être seulement de 391^l ou bien le plan de l'orbite lunaire devrait presque se confondre avec celui de l'écliptique. C'est donc à l'inclinaison des deux plans, que l'homme est redevable d'être rarement troublé par des éclipses, dans la jouissance entière du Soleil et de la pleine Lune.

Remarquez que la Lune ne peut nous dérober totalement le Soleil, sans se causer à elle-même une éclipse de terre (58), et que notre globe produit sur son satellite une éclipse de soleil, quand il se cause une éclipse de lune.

71. *Variété des éclipses.* L'éclipse d'un même astre n'a pas toujours lieu de la même manière : elle est *centrale*, quand les centres des trois corps se trouvent en ligne droite; elle est *excentrique*, chaque fois que cette circonstance n'existe pas. L'éclipse excentrique est généralement *partielle*, c'est-à-dire qu'une partie seulement de l'astre cesse d'être visible. L'éclipse centrale est *totale* ou *annulaire :* elle est totale, lorsque le disque disparaît entièrement, pendant un certain temps; elle est annulaire, s'il reste un anneau lumineux autour de la partie cachée.

Les éclipses centrales de lune sont toujours totales. Cette assertion sera prouvée, si je vous fais voir que le diamètre de la Lune est moindre que le diamètre MN selon lequel elle traverse le cône d'ombre de la Terre (F. 50). Supposons TO égal à la distance moyenne de la Lune 86 000^l. AT — TO ou AO sera de 190 278^l, puisque AT = 276 278^l. La corde DE qui peut être considérée comme le diamètre moyen de la Terre, a 2 870^l. Par conséquent, le quatrième terme de la proportion AT : AO :: DE : MN est de 1 976^l,6, nombre qui contient un peu plus de 2 fois $\frac{1}{2}$ le diamètre 782^l de la Lune.

L'esclipse centrale de soleil est totale', si elle arrive quand la Lune est vers son périgée, et la Terre vers son aphélie; car le diamètre apparent de notre satellite étant alors d'environ 33′ 31″, se trouve plus grand que celui du Soleil qui est seulement d'environ 31′ 30″; l'angle de vision pour le premier astre (3), embrasse l'angle de vision que donnerait le second, et par conséquent, ce dernier doit être entièrement caché. L'éclipse centrale de soleil peut encore être totale, lorsque la Terre est vers le périhélie, où l'angle de vision du corps lumineux est au plus de 32′ 35″, pourvu qu'en même temps la Lune soit très-près de son périgée.

L'éclipse centrale est annulaire, si elle a lieu quand la Lune est vers l'apogée où son diamètre apparent égale 29′ 22″; car alors l'angle de vision de ce globe est embrassé par celui du Soleil, quelle que soit la position de la Terre.

Enfin, les éclipses excentriques de Soleil sont presque toujours partielles, puisqu'il y a seulement 2′ de différence entre le plus petit diamètre apparent de l'astre et le plus grand diamètre apparent de la Lune; elles sont même très-rarement annulaires, attendu que les deux autres limites des diamètres apparens ne diffèrent que de 3′ 13″. Quant aux éclipses excentriques de lune, elles peuvent être totales, car le disque de notre satellite est contenu 6 fois $\frac{1}{4}$ au moins dans le cercle MN du cône d'ombre de la Terre (F. 50).

La grandeur d'une éclipse partielle s'estime en *doigts* qui sont des douzièmes du diamètre de l'astre voilé. On dit, par exemple, qu'une éclipse de soleil est de 2 doigts, de 3 doigts, etc., quand la partie invisible renferme 2 douzièmes, 3 douzièmes, etc. du diamètre. Chaque doigt se divise en 60 parties égales nommées minutes.

72. *Marche et durée d'une éclipse totale de soleil.* Pour vous donner une idée de la marche et de la durée des éclipses de soleil, je considérerai d'abord une éclipse totale et je supposerai que le sommet du cône d'ombre de la lune L soit précisément le point A de la droite des centres ST (F. 51). Il est clair que le cône de vision CAD se confondra avec ce cône d'ombre et embrassera tout le disque solaire S. Conséquemment, l'éclipse totale ne pourra durer qu'un instant pour le point A, et il n'y aura que ce seul point de la Terre T qui soit privé tout-à-fait de la lumière du Soleil; car au moment où un autre point B, pris aussi près que vous voudrez de A, sera amené sur la droite ST par la rotation, le centre L de la Lune ne s'y trouvera plus, l'éclipse ne sera plus centrale, et de la position A on commencera à découvrir le bord de droite du disque solaire. L'éclipse n'aura donc lieu comme totale, que pour un seul point A de la Terre, et ce point sera nécessairement situé entre les tropiques, puisqu'il appartiendra au plan de l'écliptique (36).

Si la Lune L se trouve assez rapprochée de la Terre T pour que le sommet O de son cône d'ombre tombe entre A et T (F. 52), la surface de notre globe coupera ce cône selon un cercle dont le diamètre sera EF, et tous les lieux situés dans ce cercle verront au même instant l'éclipse totale. Ces lieux pourront même appartenir aux zônes tempérées, si l'éclipse arrive vers les solstices, puisqu'alors le point A, centre du cercle EF, sera près d'un des tropiques.

Mais avant de parvenir en EF, l'ombre de la Lune aura couvert d'autres lieux. Supposons, par exemple, que le sommet O atteigne la surface terrestre en G et qu'il l'abandonne en H. L'é-clipse totale sera vue de tous les points d'un onglet sphérique que le parallèle GAH partagera en deux parties égales, dont la plus grande largeur égalera le diamètre EF, qui commencera en G et finira en un certain point I situé entre A et H. De plus, les points G, I seront privés de la lumière du Soleil pendant très-peu d'instans, et les points intermédiaires le seront pendant un temps appréciable, mais toujours fort court, comme vous allez voir.

Puisque TS$=33\,525\,322^l$ et que TL$=86\,000^l$, LS$=33\,439\,322^l$. Le rayon TA de la Terre $1\,435^l$ retranché de TS, donne pour SA, $33\,523\,887^l$. La Lune parcourt son orbite en $29^j,5$ et cette orbite qui a $172\,000^l$ de diamètre, contient $540\,355^l,2$; le chemin qu'elle fait dans un jour, est donc de $18\,317^l$. La droite SLA se meut avec cet astre, en tournant autour du centre S du Soleil. Si pour rendre le calcul plus simple, nous regardons le chemin de L comme parallèle à celui de A, nous pourrons poser la proportion $SL : SA :: 18317^l : x$ et nous trouverons, pour le quatrième terme, le nombre de lieues parcourues en un jour par le centre A de l'ombre de la Lune. Ce nombre 18360^l donne 765^l par heure. Il n'y a pas à tenir compte du mouvement de la Terre sur l'écliptique, attendu qu'entraînant son satellite dans ce mouvement, elle resterait toujours dans le plan LS, sans la révolution mensuelle de la Lune.

Si donc nous supposons que le point A de la surface terrestre soit sur l'un des tropiques où il parcourt $8268^l,6$ en 24^h et $344^l,5$ par heure, d'occident en orient, comme le centre de l'ombre lunaire, nous verrons que cette ombre fuit sur la Terre avec une vîtesse de $765^l — 344^l,5 = 420^l,5$ par heure ou d'environ $0^l,11$ par seconde. Le sommet O du cône d'ombre a une vîtesse plus grande encore. Par conséquent, il ne peut rester qu'un instant sur le point G; une seconde après qu'il y est arrivé, il s'en trouve éloigné de plus d'un dixième de lieue.

Vous devez voir aussi qu'au moment où l'axe SLO du cône d'ombre coïncidera avec SH, la position H ne sera plus occupée par le point terrestre qui s'y trouvait quand l'axe coïncidait avec SG : la rotation y aura placé un point I tel qu'on ait $A'A'' : IH :: 765^l : 344^l,5$ ou tel que l'arc $IH = \frac{3445}{7650} A'A''$, un peu plus de $\frac{5}{7} A'A''$, ce qui met I entre A et H.

Enfin, si le point terrestre F restait immobile, il verrait l'éclipse totale seulement pendant le temps que le diamètre EF de l'ombre mettrait à le dépasser, en raison de la vîtesse 765^l par heure; mais comme ce point a lui-même une vîtesse de $344^l,5$ dans le même sens, il restera privé du Soleil pendant tout le temps qu'il emploiera à parcourir sur le tropique un arc dont la longeur sera $\frac{3445\,EF}{4205}$ ou un peu plus de $\frac{4}{5}$ EF. (*). Ce temps ne peut jamais excéder $7' \, 58''$.

(*) Soient x le chemin que l'extrémité E du diamètre EF doit faire pour se trouver sur le point terrestre F, et y le chemin que fera ce point terrestre dans le même temps. Le nombre d'heures employées sera évidemment $\frac{x}{765}$ ou $\frac{y}{344,5}$. On aura donc les deux équations

$$\frac{x}{765} = \frac{y}{344,5} \quad \text{et} \quad x — y = EF.$$

Elles donnent

$$x = \frac{7650\,EF}{4205} \quad \text{et} \quad y = \frac{3445\,EF}{4205}.$$

73. *Marche et durée d'une éclipse annulaire.* Considérons maintenant une éclipse annulaire. Le cône de vision CAD relatif à la Lune L coupe le disque solaire selon un cercle dont le diamètre est CD (F. 53). Il embrasse donc le cône d'ombre C'OD', et le sommet O de ce dernier cône se trouve nécessairement entre L et A. Si vous prolongez C'O, D'O jusqu'à la Terre T, vous formez un autre cône EOF qui coupe notre globe selon un cercle de diamètre EF parfois assez grand pour s'étendre jusqu'audelà du pôle, et tous les points situés au dedans de ce cercle, ont en même temps une éclipse annulaire qui dure au plus $12' 24''$: pour E, l'éclipse est seulement partielle, puisque le cône de vision C''ED' touche le globe solaire en D'; pour F, l'éclipse est aussi partielle, puisque le cône de vision C'FD'' touche le globe solaire en C'. L'auréole lumineuse n'est même parfaitement régulière que vue du point A de la droite ST ou plutôt du point de la Terre qu'y amène la rotation au moment précis de la conjonction, et l'uniformité de la largeur de cette auréole dure un seul instant.

Il est visible d'ailleurs que l'éclipse annulaire ne cause aucune ombre sur la Terre, qu'elle commence lorsque la droite SL devient tangente au globe terrestre, et qu'elle finit lorsque la même droite se retrouve dans une pareille position.

74. *Marche et durée des éclipses partielles de Soleil.* Outre les points de la Terre pour lesquels les éclipses centrales de soleil sont totales ou annulaires, il en est un grand nombre d'autres pour lesquels elles ne sont que partielles. Par exemple, il y aura éclipse partielle au point que la rotation placera en B immédiatement après que la Lune L sera entrée dans le tronc de cône lumineux BB'C'C (F. 54). Plus tard, l'éclipse deviendra totale ou annulaire; mais quand elle aura cessé de l'être, elle durera encore partielle, jusqu'à ce que le centre de la Lune soit arrivé en L''. Lors donc que ce centre se trouve dans le plan de l'écliptique, la durée de l'éclipse de soleil est égale au temps que la Lune emploie pour parcourir l'arc DL'E de son orbite, augmenté de deux fois le rayon ou du diamètre de cet astre.

Or (69), $AL' = AT + TL' = 276278^l + 86000^l = 362278^l$. Si, pour plus de simplicité, nous regardons le chemin LL'L'' comme parallèle à la corde BC, et cette corde comme le diamètre moyen de la Terre (22), nous pourrons poser la proportion $AT : AL' :: BC : DE$, et parce que $BC = 2870^l$, nous trouverons que $DE = 3763^l,3$. Ajoutant 782^l diamètre de la Lune, nous obtiendrons $4545^l,3$ pour le chemin LL'' fait par le centre de l'astre, du commencement à la fin de l'éclipse. Mais, ce centre parcourt 18317^l par jour (71) ou $763^l,2$ par heure. Le chemin LL'' exige donc $5^h 58'$.

Il s'ensuit que la plus grande durée d'une éclipse partielle de soleil, considérée par rapport à la Terre entière, ne saurait excéder

6^h; car, pour peu que le centre de la Lune soit au - dessus ou au-dessous du plan de l'écliptique, l'astre entrant plus tard dans le tronc de cône lumineux BB'C'C et sortant plus tôt, y parcourt un chemin nécessairement moindre que DE.

75. *Durée des éclipses de lune.* Pour apprécier la plus grande durée d'une éclipse de Lune, il faut supposer encore le centre de l'astre dans le plan de l'écliptique et calculer le temps nécessaire à la traversée du cône d'ombre de la Terre. Nous avons trouvé 1 976^l,6 pour la longueur du diamètre MN (71), selon lequel se fait la traversée (F. 50). Ce nombre ajouté à 782^l diamètre de la Lune, donne 2 758^l,6, et c'est là le chemin que doit parcourir le centre de l'astre, du commencement à la fin de l'éclipse. Divisant par 763^l,2 nombre de lieues fait sur l'orbite en une heure, on obtient 3^h 36$'$ pour la plus grande durée d'une éclipse centrale et conséquemment de toutes les éclipses de Lune.

Cherchons maintenant le temps pendant lequel l'éclipse centrale est totale. Au commencement et à la fin, la Lune est tangente intérieurement au cône d'ombre. Il faut donc retrancher de MN le diamètre 782^l, pour avoir le chemin que peut parcourir le centre pendant que l'astre est tout-à-fait invisible. Divisant la différence 1 194^l,6 par la vitesse 763^l,2, nous trouverons 1^h 34$'$ pour le temps le plus long durant lequel la Terre peut être totalement privée de la lumière de son satellite.

Il est facile, d'après cela, de déterminer quelle partie de la Terre peut voir une éclipse centrale et quelle partie peut la voir totale. Comptons les degrés de l'écliptique terrestre DEF comme ceux de l'équateur, à raison de 15 par heure; le résultat cherché sera suf-fisamment exact pour nous faire apprécier à peu près l'étendue des pays qui passeront sous l'éclipse. Or, 3^h 36$'$ répondent à 54°, 1^h 34$'$ répondent à 23° 30$'$. C'est donc un arc DF de 54° qui entrera dans le cône d'ombre, du commencement à la fin de l'é-clipse, et un arc de 23° 30$'$ qui entrera dans le même cône pen-dant que la Lune sera totalement privée de lumière. Ajoutant ces arcs au demi-cercle DE sur lequel règne la nuit, nous trouverons que l'éclipse sera vue successivement de tous les points d'un onglet sphérique large de 234°, formant environ les $\frac{13}{20}$ de la surface du globe terrestre, et quelle sera totale pour un onglet d'à peu près 204° ou pour les $\frac{17}{30}$ de la Terre. Il est du reste évident que ce dernier on-glet occupera le milieu du premier, que le point E verra seulement le commencement de l'éclipse et que F en verra seulement la fin.

76. *Effets de la pénombre terrestre.* Les éclipses de lune n'ar-rivent point brusquement : la lumière s'affaiblit peu à peu, avant qu'aucune partie de l'astre soit cachée, et c'est peu à peu aussi qu'elle recouvre son éclat, quand le disque est redevenu entière-ment visible. Ces phénomènes sont dus à la *pénombre* de la Terre,

Tirez deux tangentes AB, CD qui se coupent entre S et T (F. 55). Elles laisseront entre elles et le cône d'ombre deux angles coniques où n'arriveront pas tous les rayons solaires : il en arrive même fort peu sur les points qui, comme ceux de la droite EF tangente à la Terre, se trouvent très-près du cône d'ombre ; de sorte que l'ombre de notre globe commence réellement sur EB où elle est très-faible, et va toujours en augmentant jusqu'à EG où elle devient tout-à-fait noire. Les angles BEG, DHG qui ne sont ni entièrement privés de lumière, ni complètement éclairés, constituent la *pénombre* de la Terre. Vous concevez que la Lune doit être comme voilée par un léger nuage, pendant qu'elle traverse ces espaces coniques : ne recevant plus tous les rayons du Soleil, elle ne peut nous renvoyer une brillante lumière.

Il arrive assez souvent que la Lune dans son plein perde ainsi une grande partie de son éclat, sans qu'il y ait réellement éclipse : c'est qu'alors elle passe au-dessus ou au-dessous du cône G, mais à une distance telle qu'elle est obligée de traverser la pénombre.

La Lune a aussi une pénombre, mais elle est si faible que l'éclat du jour n'en est pas sensiblement diminué.

77. *Rareté des éclipses de lune.* Ce que vous venez d'apprendre sur les deux sortes d'éclipses, vous explique pourquoi celles de la Lune affectent une bien plus grande étendue de pays et plus souvent le même lieu que celles du Soleil. D'un autre côté, les premières sont beaucoup plus rares que les secondes. Dans une période de 18 ans, il y a 70 éclipses en tout : 41 de soleil et seulement 29 de lune ; parfois, une année entière se passe sans donner lieu d'observer une des dernières. Par exemple, les années 1763, 1767, 1788, 1799 n'ont produit aucune éclipse de lune. Cela tient à ce que le cône d'ombre AED, beaucoup moins large que le tronc de cône de lumière CEDB (F. 50), intercepte bien plus rarement un arc de l'orbite lunaire ; en d'autres termes, la révolution des nœuds de la Lune (59) doit les amener plus rarement dans le cône d'ombre, que dans le tronc de cône de lumière.

78. *Particularités des éclipses.* On distingue toujours, pendant une éclipse totale de Soleil, la place que l'astre occupe sur la voûte céleste. Cette place est indiquée par la lumière cendrée de la Lune (58). Notre satellite doit effectivement recevoir encore de la Terre une assez forte lumière, puisqu'il n'y a qu'une très-petite partie de notre globe qui se trouve privée des rayons solaires.

La Lune n'est pas toujours absolument invisible dans ses éclipses totales. Lorsqu'elles ont lieu au moment de l'apogée, l'astre traverse le cône d'ombre selon une ligne MN (F. 50) moins longue que dans le cas du périgée. Les rayons solaires rompus par la réfraction de notre atmosphère, peuvent alors en pénétrant dans l'ombre de la Terre, rencontrer le disque de la Lune et lui communiquer une teinte d'un brun rougé, qui nous la fait apèrcevoir. Quand les éclipses totales arrivent vers le périgée, les rayons rompus pénétrent dans le cône d'ombre au delà de la Lune, et cet astre est complétement invisible.

La ligne qui sépare l'ombre de la lumière dans les éclipses particlles de lune, n'est jamais une ligne droite; elle a constamment la forme d'un arc de cercle. Comme cet arc limite évidemment l'ombre portée par la Terre sur le satellite, il s'ensuit que cette ombre est circulaire. Or, il n'y a qu'un corps rond qui puisse produire une ombre circulaire, une *silhouette* ronde. Voilà donc une preuve incontestable de la rondeur de la Terre (7).

79. *Période des éclipses.* Toutes les perturbations qu'éprouve la Lune dans son cours, s'effectuent en 223 lunaisons, ou plus exactement en 18 années et 10 jours; au bout de ce temps, elles se répètent dans le même ordre et presque avec la même intensité. L'astre se retrouve donc à chaque instant, relativement à la Terre et au Soleil, dans la position où il était 18 ans et 10 jours auparavant. En conséquence, si une éclipse arrive à une certaine époque de cette année 1832, la même éclipse aura lieu de nouveau et à peu près avec les mêmes circonstances, dans 18 ans et 10 jours, comptés à partir de cette époque. De là donc un moyen simple et facile de prédire les éclipses : il suffit de tenir registre de celles qu'on observe et d'en noter avec soin toutes les circonstances. Les prédictions sont encore plus exactes, surtout pour les détails, lorsqu'on emploie une période de 521 ans, au lieu de celle de 18 ans et 10 jours. On atteint alors une précision presque aussi grande qu'au moyen des longs et pénibles calculs astronomiques.

80. *Eclipses de Soleil remarquables.* Les historiens et les astronomés font mention d'un assez grand nombre d'éclipses remarquables qui, dans les temps d'ignorance, ont porté la terreur parmi les hommes. Je me bornerai à vous citer celles qu'on a vues en France depuis le commencement du 18ᵉ siècle.

En 1706, il y eut à Paris une éclipse partielle de soleil d'environ 11 doigts. Le jour devint très-faible ; le reste des rayons solaires, émanés du bord du disque, étaient d'une pâleur lugubre (6).

La même éclipse fut totale à Montpellier: mais on vit autour de la Lune une auréole d'une lumière pâle, sans bords arétés et large d'environ un doigt dans sa partie la plus sensible. Cet anneau lumineux qui n'était pas une portion du disque entièrement caché, doit être attribué à la réfraction de l'atmosphère solaire.

En 1724, il y eut à Paris, le 22 mai, éclipse totale du Soleil. Une obscurité égale à celle de la nuit dura 2′ 45″. Les étoiles devinrent visibles. Du point de l'astre découvert le premier, jaillit subitement un rayon qui dissipa tout-à-coup l'obscurité, comme font les éclairs d'un orage de nuit.

En 1764, plusieurs lieux de la France et notamment Calais, Rennes, virent une éclipse annulaire qui s'étendit de Cadix jusqu'en Laponie. L'auréole lumineuse était fort brillante. Du commencement à la fin de cette éclipse, il s'écoula 5^h 29′ 30″. Paris verra un pareil phénomène dans 15 ans, le 9 octobre 1847 ; mais ce sera la seule éclipse centrale visible de cette ville, jusqu'à la fin du 19e siècle.

LES PLANÈTES.

81. *Noms et ordre des planètes.* Plusieurs corps analogues à la Terre existent dans les cieux. Ce ne sont pas des étoiles, car beaucoup moins éloignés, tantôt ils répondent aux unes et tantôt aux autres. Bien qu'on les voye briller pendant la nuit, ils ne sont pas lumineux par eux-mêmes, puisqu'ils ont des phases comme la Lune (53). Enfin, ils tournent sur un axe et autour du Soleil ; quelques-uns ont des satellites (57). Ces corps sont nommés *planètes*, c'est-à-dire *astres errans*. La Terre qui leur ressemble, est donc une planète.

Nous connaissons maintenant 11 planètes. Leurs noms particuliers, dans l'ordre des distances au Soleil et en commençant par la moindre, sont *Mercure*, *Vénus*, la Terre, *Mars*, *Vesta*, *Junon*, *Cérès*, *Pallas*, *Jupiter*, *Saturne* et *Uuranus*.

On voit aisément à l'œil nu, Mercure, Vénus, Mars, Jupiter et Saturne ; le vulgaire les prend pour des étoiles, ne sachant pas que le caractère de ces derniers astres est qu'ils conservent toujours leurs positions respectives, du moins à fort peu près.

82. *Distances au Soleil.* Voici un moyen bien simple de trouver au besoin et en nombres passablement exacts, les distances de toutes les planètes au Soleil : Ecrivez un zéro, puis les 7 premiers termes de la progression par quotient qui commence à 3 et dont la raison est 2 ; vous aurez la suite 0, 3, 6, 12, 24, 48, 96, 192 ; ajoutez 4 à chaque terme, vous obtiendrez cette autre suite 4, 7, 10, 16, 28, 52, 100, 196 ; placez enfin vis-à-vis de ces nombres, les noms des planètes dans l'ordre où ils viennent d'être écrits, regardant Vesta, Junon, Cérès et Pallas comme un seul corps, vous formerez un tableau, dans lequel chaque planète correspondra à sa distance proportionnelle, et il suffira de connaître en lieues une distance réelle, pour en déduire toute autre, par une simple proportion.

Tableau *des distances proportionnelles des planètes au Soleil.*

Mercure	4	Vesta, Junon, Cérès, Pallas	28
Vénus	7	Jupiter	52
La Terre	10	Saturne	100
Mars	16	Uranus	196

Voulez-vous connaître approximativement, par exemple, la distance d'Uranus au Soleil, sachant que celle de la Terre est d'environ 33 millions de lieues? Vous calculerez le quatrième terme de cette proportion $10 : 196 :: 33\,000\,000 : x$, et vous trouverez $646\,800\,000$ lieues.

La loi des distances telle que la donne le tableau, est connue depuis long-temps; mais, avant la découverte récente de Vesta, Junon, Cérès, Pallas, il y avait une place vide, et chose fort remarquable, la distance de chacune de ces 4 nouvelles planètes s'est trouvée telle, que son rapport aux distances des anciennes a formé précisément le terme qui manquait.

83. *Révolutions des planètes.* Les planètes qui sont plus près du Soleil que la Terre, sont dites *inférieures;* les autres sont dites *supérieures.* Il arrive parfois que chacune des premières passe devant le disque solaire, car elles produisent sur ce disque une tache noire, comme la Lune dans les conjonctions où elle l'éclipse. Nous voyons ensuite Mercure ou Vénus marcher vers notre droite en laissant le Soleil à gauche. Au bout d'un certain temps, elles paraissent s'arrêter; mais bientôt elles cheminent de droite à gauche, passent derrière le Soleil, puisque parfois il les éclipse, continuent de se mouvoir dans la même direction, semblent s'arrêter de nouveau, puis recommencent à se diriger de gauche à droite pour passer encore devant le Soleil. Il s'ensuit que les deux planètes inférieures tournent autour de cet astre, car il n'y a pas moyen d'expliquer autrement leurs *stations* ni leurs *rétrogradations,* et au contraire ces phénomènes résultent nécessairement d'un mouvement circulaire ou elliptique autour du Soleil.

En effet, quittant la position V où elle se trouve dans le plan ST des centres (F. 56), la planète Vénus, par exemple, parcourt l'arc VV', puisque vue de la Terre T, elle paraît aller d'orient en occident. Arrivée en V', elle doit sembler stationnaire, quoiqu'elle s'écarte encore du Soleil, parce qu'un petit arc de son orbite se confond avec TV' ligne de mire tangente. Ensuite, nous la voyons marcher en sens inverse ou rétrograder d'occident en orient, parce qu'elle parcourt l'arc V'V''; en V'', elle se retrouve dans le plan ST; elle continue d'aller d'occident en orient pendant qu'elle décrit l'arc V''V'''; en V''', elle paraît de nouveau stationnaire, par la même raison qu'en V'; mais bientôt après, elle reprend sa direction d'orient en occident, pour revenir à la position primitive V.

Les planètes supérieures n'éclipsent jamais le Soleil, mais elles en sont quelquefois éclipsées. Cela prouve que chacune d'elles, Mars par exemple, ne passe point entre le Soleil S et la Terre T (F. 57) et qu'à certaines époques ce corps se trouve dans une position M qui fait partie du plan des centres TS. A partir de M, Mars nous paraît s'écarter du Soleil, en marchant de droite à gauche. Mais, arrivé vers la position M', il a très-peu de vitesse et semble presque stationnaire; de sorte que s'il continue de se mouvoir, c'est une direction parallèle au plan ST qu'il doit suivre. Bientôt après, à partir de m, il se rapproche de ce plan, allant toujours de droite à gauche, quand nous le regardons, mais allant de gauche à droite, si nous regardons le Soleil, et il parvient à une position M'', où à midi nous le voyons du côté du nord, dans le plan ST. En M''', Mars devient de nouveau presque stationnaire pour quelque temps, après avoir cessé en m' de s'écarter du plan ST; puis il continue de s'en rapprocher et revient à la position M où à midi nous le voyons au sud.

Ces explications supposent la Terre dans une position fixe, mais il est facile de s'assurer qu'elles sont tout aussi satisfaisantes, si notre globe fait un tour complet autour du Soleil, pendant que Vénus en fait à peu près deux, et Mars la moitié d'un environ. Il ne s'agit que de placer les trois corps successivement dans les diverses positions relatives qui résultent de ces rapports réels entre les durées de leurs révolutions. Les stations de Mars sont même alors plus marquées, car il y a des époques dans lesquelles la droite qui joint son centre à celui de la Terre, prend, pendant plusieurs jours consécutifs, des positions sensiblement parallèles.

N'est-il pas clair, d'après cela, que Mars et toutes les autres planètes supérieures qui présentent les mêmes phénomènes, décrivent autour du Soleil des courbes fermées, comme Mercure et Vénus? S'il semble y avoir station en M', M'', c'est qu'un petit arc de la courbe se confond avec sa tangente qui se trouve alors parallèle à ST, et que l'angle $M'TS$ augmente de très-peu chaque jour. Vous devez donc admettre que toutes les planètes tournent autour du Soleil, comme la Terre et dans le même sens (30). Les moyens qui ont fait reconnaître que l'orbite de notre globe est une ellipse, ont prouvé que les orbites de ces autres sphères sont de la même forme (32).

On lit dans plusieurs livres d'astronomie que les révolutions de toutes les planètes se font *d'occident en orient*, et vous avez vu (30) que le mouvement annuel de la Terre est dirigé *d'orient en occident*. Cette apparente contradiction est expliquée par ce qui vient d'être dit des directions de Vénus et de Mars. Les planètes vont effectivement d'occident en orient, avant et après leur passage derrière le Soleil; mais elles marchent en sens contraire et comme la Terre, pendant que nous sommes entre elles et cet astre. Si donc certains auteurs ont adopté la direction d'occident en orient, c'est qu'ils avaient en vue les situations où notre globe est en opposition par rapport aux planètes. J'ai préféré rapporter les mouvemens aux époques de conjonction et adopter la direction d'orient en occident, parce qu'elle est constamment celle de la Terre et par conséquent plus générale.

Pour nous donc, comme pour un observateur qui serait placé sur le Soleil, *les révolutions des planètes se font en sens contraire des rotations;* pour d'autres, les deux mouvemens s'exécutent dans le même sens. Ces deux manières de s'exprimer indiquent au fond les mêmes faits; il ne s'agit que de s'entendre; car si la rotation se fait d'occident en orient devant le Soleil, elle a lieu d'orient en occident au point opposé; de sorte que nous aussi nous pourrions dire que les deux mouvemens sont de même sens. Mais, je le répète, il me semble préférable de se supposer en conjonction et à midi, pour juger du sens des mouvemens célestes.

84. *Systèmes du monde.* Nous concevons bien, direz-vous peut-être, que le mouvement apparent des planètes inférieures est produit par une révolution réelle autour du Soleil; nous consentons même à supposer cette révolution aux planètes supérieures; mais pourquoi le Soleil n'emporterait-il pas tous ces corps autour de la Terre, tout aussi bien que notre globe emporte la Lune, dans le mouvement annuel qui lui a été attribué?

Plusieurs apparences seraient effectivement à peu près les mêmes. Aussi, un célèbre astronome danois, nommé *Tycho-Brahé* (prononcez *Tyco*), expliquait-il l'univers en supposant au Soleil, une révolution annuelle autour de la Terre, et aux planètes, des révolutions autour du Soleil. Il y eut auparavant deux autres systèmes remarquables : celui des anciens égyptiens qui faisaient tourner les planètes inférieures autour du Soleil et cet astre, ainsi que les planètes supérieures, autour de la Terre; puis celui de *Ptolémée,* astronome d'Alexandrie en Egypte, qui fit rétrograder la science, en plaçant notre globe au centre du monde et des révolutions de tous les corps célestes. Mais aujourd'hui, le système du prussien *Copernic* est adopté par les savans de toutes les nations, et avec ce grand astronome, nous devons regarder le Soleil comme le centre des révolutions des 11 planètes connues.

Je vous ai déjà fait remarquer en effet (30) l'extrême complication du système qui ferait tourner tout le ciel autour de la Terre en une année, et je puis maintenant vous en démontrer l'impossibilité. Si comme le prétendait Ptolémée, les planètes et le Soleil tournaient autour de nous, l'orbite de ce dernier astre S embrasserait celle de Vénus V, celle de Mercure *m* (F. 58), et nous verrions au nord ces deux fausses étoiles, quand elles seraient en V et *m*; or, jamais elles ne se montrent de ce côté.

Le système des anciens égyptiens est tout aussi contraire aux faits. Puisque l'orbite de Mars embrasserait celle du Soleil S, la Terre se trouverait à peu près également éloignée de la planète, soit que celle-ci fût en M et qu'il y eût opposition (F. 59), soit qu'elle fût en M' et qu'il y eût conjonction (61). Or, on sait fort bien aujourd'hui que la différence des distances de la Terre à Mars, dans ces deux cas, est parfois de 33 millons de lieues, et pour qu'il en soit ainsi, il faut évidemment que le Soleil prenne la place attribuée à la Terre, qu'il se trouve au centre des deux orbites, comme dans la figure 60 ; alors effectivement TM' — TM = TM' — KM' = TK diamètre moyen de l'écliptique.

Enfin, on ne peut pas non plus supposer avec Tycho que le Soleil ait pour satellites toutes les planètes moins notre globe et qu'en même temps il soit lui-même satellite de la Terre. L'habile astronome n'eût pas imaginé un pareil système, s'il avait eu, pour observer, nos télescopes et les autres instrumens modernes, surtout s'il n'eût pas été préoccupé d'idées religieuses peu rationnelles, car il connaissait la théorie de Copernic.

Partons d'une opposition où la Terre T, le Soleil S et Mars M se trouvent dans le même plan (F. 61). Quand le Soleil sera en S', après une demi-révolution, selon Tycho, Mars aura fait à peu près le quart de la sienne et se trouvera vers la position M', parce que cette planète met environ 2 ans pour exécuter un tour complet. Elle devrait donc nous paraître à l'occident, et c'est à l'orient que nous la voyons alors. Cette dernière direction s'explique au contraire parfaitement dans le système de Copernic : la Terre arrive vers K, au milieu de son orbite (F. 60), quand Mars est en M'', au quart de la sienne, et nous devons effectivement voir cette fausse étoile à notre gauche, par rapport au Soleil S.

J'avais donc bien raison de vous annoncer précédemment (30), que plus vous avanceriez dans l'étude de l'astronomie, et plus le mouvement annuel de la Terre vous serait démontré.

85. *Positions des orbites planétaires.* Ce qui vient d'être dit sur les révolutions des planètes, vous montre que ces astres se meuvent tous dans le même sens, sur des ellipses dont le Soleil occupe l'un des foyers et dont les plans se coupent conséquemment selon des droites, qui passent par le centre de cet astre : ces courbes sont plus ou moins inclinées sur l'écliptique, mais toutes le sont et il n'y en a pas deux qui le soient également. La plus grande des inclinaisons, celles des 4 nouvelles planètes exceptées, est de 7°, et la moindre de 46' 26''.

86. *Zodiaque.* Il arrive que les hauteurs d'une planète au-dessus de l'écliptique sont, pour nous, plus grandes ou plus petites que l'inclinaison de l'orbite. Cela tient à ce que la Terre n'occupant point le centre de la courbe, ni l'un des foyers, se trouvant même hors du plan de cette courbe PP' (F. 62), voit la planète P parfois sous l'angle PTS plus grand que l'angle d'inclinaison PST, et parfois sous l'angle PT'S moindre que PST. Mais l'angle PTS, qui pour Vénus peut aller jusqu'à 9° 15', ne dépasse jamais cette indication.

Par conséquent, la bande du ciel dans laquelle nous voyons les anciennes planètes, n'a pas plus de 18° 30'. Cette bande circulaire PZP'Z' s'appelle *zodiaque* ; l'écliptique la partage en deux bandes égales. On divise ses 360° en douze parties qui contiennent cha-

cune 30° et qu'on nomme *signes du zodiaque*. Le point de départ
de ces divisions est celui où se trouve le Soleil à l'équinoxe de printemps. On aurait pu, pour les distinguer, leur attribuer un numéro
d'ordre et dire 1ᵉʳ, 2ᵉ signe, etc.; mais on a préféré donner à
chacune le nom d'une constellation, du groupe principal d'étoiles
qui s'y trouvait à l'époque où fut conçue l'idée du zodiaque, et
c'est de là qu'est venue à la bande PZP'Z' cette dénomination qui
signifie *ceinture d'animaux*, car la plupart des signes sont figurés
par un animal, comme le montre le tableau suivant :

Tableau des signes et des époques correspondantes pour 1832.

PRINTEMPS.	20 Mars / Avril	} *Le Bélier.*	AUTOMNE.	23 Septembre / Octobre	} *La Balance.*
	20 Avril / Mai	} *Le Taureau.*		23 Octobre / Novembre	} *Le Scorpion.*
	21 Mai / Juin	} *Les Gémeaux.*		22 Novembre / Décembre	} *Le Sagittaire.*
ÉTÉ.	21 Juin / Juillet	} *Le Cancer* (36).	HIVER.	21 Décembre / Janvier	} *Le Capricorne.*
	22 Juillet / Août	} *Le Lion.*		20 Janvier / Février	} *Le Verseau.*
	23 Août / Septembre	} *La Vierge.*		19 Février / Mars	} *Les Poissons.*

Les signes se suivent dans le ciel en sens contraire de la révolution du globe terrestre. Ainsi, le premier degré du Bélier se
trouve sur la droite T″T‴ et au delà de T‴, sur la voûte étoilée
(F. 31), parce que nous y rapportons le Soleil S, quand nous
sommes à la position T″ dans l'instant équinoxial. Le reste du Bélier,
le Taureau et les Gémeaux sont dans l'angle T‴ST′, parce que
le Soleil nous parait dans cet angle, pendant que nous parcourons
l'arc T″T. Il s'ensuit que le signe des Poissons est dans l'angle
TST‴ et que son extrémité correspond au point T‴, comme le
commencement du Bélier.

Mais, la précession des équinoxes ou la révolution de l'écliptique (42) a fait que les divisions ou signes du zodiaque ne répondent plus aux constellations dont ils portent le nom. C'est
maintenant un point E' du groupe d'étoiles nommé les Poissons
(F. 37) qui se trouve dans le plan vertical des centres, quand la
Terre est à la position t″ de l'instant équinoxial, et il y a 30° de ce
point E' au point E où commence la constellation du Bélier. En
continuant donc de dire que le Soleil entre dans tel signe à telle
époque, il faut bien entendre que ce signe n'est plus autre chose
qu'une des divisions conventionnelles du zodiaque.

87. *Rotation des planètes.* Les disques de plusieurs planètes présentent des taches, comme ceux de la Lune et du Soleil. L'observation de ces taches a fait découvrir un mouvement de rotation (1),

On a dû en conclure qu'il existe aussi pour les corps qu'on n'a pas pu jusqu'ici bien observer.

88. *Aplatissement des planètes.* Les planètes dont la rotation a été reconnue, sont toutes aplaties dans le sens de l'axe du mouvement, et même l'aplatissement paraît être proportionnel à la vitesse. Ne s'ensuit-il pas que c'est la rotation qui a diminué le diamètre autour duquel elle s'exécute? et cette conséquence ne prouve-t-elle pas assez fortement que notre globe, dont l'aplatissement est bien constaté, tourne sur lui-même comme les autres (15)? Il était donc vrai de vous dire qu'en avançant dans l'étude de l'univers, vous trouveriez de nouveaux motifs d'admettre le mouvement journalier de la Terre.

89. *Inclinaison des axes.* La rotation des planètes y occasionne pour chaque point une succession de jours et de nuits; mais, ces jours et ces nuits n'ont pas plus que les nôtres une durée constante, et cela provient aussi de l'inclinaison de l'axe sur le plan de l'orbite (36). Cette inclinaison est donc une loi générale : elle était nécessaire pour que tous les points de chaque globe eussent part presque égale à lumière et à la chaleur vivifiante du Soleil. Si l'axe de rotation d'une planète était perpendiculaire sur le plan de l'orbite, les pôles auraient l'équateur pour horizon rationnel et ne verraient jamais qu'à moitié l'astre du jour.

90. *Lois de Képler.* Un célèbre astronome allemand, nommé *Képler*, a trouvé d'autres lois générales, en comparant les observations faites avant l'époque où il vivait. Ces lois conviennent aux mouvemens des satellites comme à ceux des planètes. Elles sont vraies, car non seulement elles s'accordent d'une manière merveilleuse avec les observations modernes, faites à l'aide d'instrumens d'une extrême précision, mais encore leur emploi dans l'application des principes de la Mécanique aux mouvemens des corps célestes, donne des résultats absolument conformes aux faits astronomiques. Ces belles lois sont donc autant de preuves de la réalité du système de Copernic (84), puisque déduites de l'observation, elles reproduisent les phénomènes, conformément à ce système, lorsqu'on les combine avec les principes d'une science certaine, entièrement indépendante de l'Astronomie.

Comme il n'est pas permis d'ignorer les lois de Képler, après avoir étudié les astres, je dois vous les faire connaître.

1re *Loi :* Les orbites planétaires sont des ellipses dont le centre du Soleil occupe l'un des foyers.

Il en est de même pour les orbites des satellites; seulement, le foyer est occupé par le centre de leur planète.

2e *Loi :* Les secteurs parcourus par la droite des centres, sont proportionnels aux temps employés à les parcourir.

Les superficies des secteurs elliptiques T'ST'', T''ST, par exemple, que parcourt la droite T'S des centres (F. 31), sont proportionnels aux temps qu'emploie la Terre à parcourir les arcs T'T'', T''T de son orbite. Il en est de même pour la Lune.

3° *Loi :* Les quarrés des temps des révolutions sont proportionnels aux cubes numériques des grands axes des orbites.

Ainsi, le quarré de 365^j,256 durée de la révolution de notre globe, est au quarré de 4332^j,596 durée de celle de Jupiter, par exemple, comme le cube de la longueur de TT' qui égale 2 fois 33 525 322 lieues, est au cube du grand axe de l'orbite de Jupiter, ou comme le cube de l'unité est au cube de 5,203. (Voyez le *Tableau comparatif,* à la fin de l'ouvrage.)

MERCURE.

91. Après avoir étudié les planètes d'une manière générale, nous devons étudier chacune en particulier. Nous suivrons pour cela l'ordre dans lequel les placent leurs distances au Soleil.

Mercure paraît comme une étoile de moyenne grandeur. Son éclat est extrêmement variable, et cela provient de ce que, par suite de sa révolution, elle a des phases qu'on distingue fort bien à l'aide du télescope. Ces phases prouvent que Mercure est un globe (53). Cette planète n'a jusqu'ici laissé voir aucune tache; toujours située très-près du Soleil, elle est environnée de trop de lumière, pour que son disque puisse être bien observé. Aussi, n'est-on pas certain qu'elle ait une rotation; mais on lui suppose ce mouvement, parce que onze autres corps célestes le possèdent bien évidemment et que tout porte à le regarder comme une loi générale de l'univers.

Un tableau placé à la fin de cet ouvrage vous fera connaître tous les résultats des observations et des calculs relatifs à Mercure et même aux autres astres principaux. J'ai pensé qu'en les rassemblant dans un même cadre, j'éviterais de fastidieuses répétitions, et que je vous donnerais les moyens de faire aisément des comparaisons pleines d'intérêt.

VÉNUS.

92. Vénus est pour l'éclat la plus belle des planètes. Elle nous paraît comme une étoile très-brillante qui accompagne toujours le Soleil. Tantôt elle le précède de 45° à l'orient, et tantôt elle le suit à la même distance vers l'occident, ce qui lui a fait donner, par le vulgaire, les noms d'*étoile du matin*, d'*étoile du soir*, d'*étoile du berger*. La lumière de Vénus est variable même pour l'œil nu. A des époques qui reviennent environ 10 fois en 8 ans, elle produit des ombres sensibles, dans les nuits sombres; son éclat est tel alors qu'avec un peu d'attention, on l'aperçoit en plein jour.

C'en est assez pour faire admettre que Vénus a des phases comme la Lune; mais le télescope rend ces phases très-distinctes et prouve ainsi que la forme de la planète est celle d'un globe. La dentelure de la ligne qui sépare l'ombre de la lumière, fait conjecturer que ce globe est couvert de très-hautes montages. On le croit aussi environné d'une atmosphère.

Les passages de Vénus sur le disque solaire se succèdent pendant huit années. Il s'écoule ensuite plus d'un siècle, sans qu'ils se renouvellent; puis revient une autre période de huit ans, pendant laquelle la planète forme de nouveau et à plusieurs reprises, une tache noire sur le Soleil. Les derniers passages ont eu lieu en 1761 et 1769. Il n'y en aura donc pas avant 1870.

MARS.

93. Mars nous paraît une petite étoile rougeâtre à lumière faible. Vue au télescope, cette planète présente des phases très-sensibles et des taches de formes diverses. L'aplatissement de son globe est évalué à un seizième du diamètre.

PLANÈTES TÉLESCOPIQUES.

94. Vesta, Junon, Cérès et Pallas sont ordinairement désignées sous le nom de *planètes télescopiques*, en raison de ce qu'elles ne sont point visibles à l'œil nu. On ne les connaissait pas avant le commencement de ce siècle : Cérès fut découverte en 1801, Pallas en 1802, Junon en 1803 et Vesta seulement en 1807. Leur petitesse n'a pas permis jusqu'ici de les étudier à fond; on n'a guère pu déterminer que leurs distances au Soleil, les durées de leurs révolutions, les diamètres des deux premières, l'excentricité de Cérès et approximativement l'inclinaison de son orbite. Enfin, les observations d'un astronome portent à croire que Pallas a une atmosphère de 192 lieues, et Cérès, une atmosphère de 276 lieues.

La position qu'occupent les planètes télescopiques entre des corps célestes beaucoup plus volumineux, et surtout le peu de différence qui existe entre leurs orbites, ont fait penser qu'elles pourraient bien être les débris d'une grosse planète primitivement placée entre Mars et Jupiter. Mais, à quelle cause attribuer le brisement de cet astre? Les uns ont cru la trouver dans une explosion volcanique qui n'ayant pas rencontré d'assez vastes soupiraux, aurait rompu son enveloppe, à peu près comme la vapeur fait éclater la chaudière où elle est produite, quand ses débouchés deviennent insuffisans. Mais il est assez difficile d'admettre dans un corps céleste, une telle liaison des parties, qu'une explosion interne ne puisse se faire jour qu'en opérant la division complète de la masse.

Les autres supposent qu'un des corps errans nommés *Comètes*, est venu, dans sa course à travers les orbites, heurter la grosse planète et la mettre en morceaux. Ils voient une preuve en faveur de leur opinion, dans les immenses atmosphères de Cérès et de Pallas, qui se seraient formées aux dépens de celle de la comète. A la vérité, cette sorte d'astres, que nous étudierons bientôt, traînent avec eux un prodigieux amas de matières aériformes; mais si cet amas a pu se diviser et produire deux atmosphères, il n'y pas de raison connue pour qu'il n'en produisît pas quatre. Or jusqu'ici, Vesta parait dépourvue d'enveloppe atmosphérique.

JUPITER.

95. Jupiter ressemble aux plus grandes étoiles; son éclat est très-vif; il surpasse parfois celui de Vénus. Le disque de cette planète présente plusieurs bandes obscures sensiblement parallèles; on y voit aussi d'autres taches à formes variables; mais l'irrégularité de leurs mouvemens font penser qu'elles ne sont point adhérentes ; on les croit produites par des amas de vapeur, que les vents promènent comme ils promènent nos nuages, et l'on en conclut l'existence d'une atmosphère.

La rotation de Jupiter a été facile à constater. L'aplatissement qui en est résulté est, comme celui de Mars, de la seizième partie de l'axe.

96. *Satellites de Jupiter.* La belle planète qui nous occupe, a 4 satellites ou lunes. Ils ne sont visibles qu'au télescope. Ce sont aussi des globes, car leurs disques ont toujours une forme circulaire, bien que la variation de leur lumière prouve qu'ils n'offrent pas constamment la même face (1).

Ces satellites jettent parfois des ombres sur Jupiter; parfois aussi ils disparaissent du côté opposé au Soleil, quoiqu'alors ils ne se trouvent point derrière leur planète. L'ombre de ce corps suffit donc pour faire évanouir leur lumière. Conséquemment, Jupiter ni ses satellites ne sont lumineux par eux-mêmes.

Ces quatre petits corps ont été beaucoup étudiés. L'observation assidue de leurs éclipses a fait connaître le temps qui s'écoule entre deux entrées consécutives de chaque satellite dans le cône d'ombre de Jupiter, et ce temps est évidemment celui de la révolution autour de cette planète. La durée variable des éclipses a fait juger qu'elles ne sont pas toujours centrales ou que les orbites des quatre satellites sont inclinées sur celle du globe dont ils éclairent les nuits (71). Les distances moyennes au centre de ce globe sont assez exactement connues; on les exprime au moyen du demi-diamètre de Jupiter pris pour unité. Enfin, les rotations paraissent s'accomplir dans le même temps que les révolutions. Ce phénomène rapproché des mouvemens de notre lune (63), doit nous porter à regarder comme une loi générale de l'univers, l'égalité de la rotation et de la révolution de tous les satellites. Nous la verrons confirmée par les satellites de Saturne.

Distances moyennes à Jupiter.	Durées des révolutions et des rotations en jours de 24 h.
1er Satellite......... 6,0485	1,7691
2e Satellite........,. 9,6235	3,5512
3e Satellite......... 15,3502	7,1546
4e Satellite......... 26,9983	16,6888

97. *Détermination exacte des longitudes.* C'est au moyen des éclipses des satellites de Jupiter, que les astronomes déterminent maintenant les longitudes. Ces phénomènes se passent à une telle distance de la Terre, qu'ils sont visibles sur tous les points d'un même hémisphère. On les y aperçoit d'ailleurs exactement au même instant. Si donc on note en deux lieux différens l'heure solaire à laquelle l'éclipse a commencé ou fini, la différence des deux temps donne en heures l'écartement des méridens (14). Il ne s'agit plus ensuite que de convertir les heures en degrés, à raison de 15° par heure, pour avoir la différence des longitudes. Ajoutant enfin cette différence à la longitude connue de l'un des lieux, on obtient rigoureusement celle de l'autre.

Les éclipses de lune donnent les longitudes avec la même exactitude, puisqu'elles commencent et finissent aussi au même instant pour tous les points de la Terre où elles sont visibles (75); mais ces phénomènes sont bien moins fréquens que les éclipses des satellites de Jupiter, dont les révolutions ont si peu de durée.

L'emploi des éclipses pour déterminer les longitudes est beaucoup plus sûr que celui des montres (20), car les plus soignées, qu'on appelle *garde-temps,* cessent bientôt de marcher dans un accord parfait.

98. *Vitesse de la lumière.* Les éclipses des satellites de Jupiter ont fait découvrir la vitesse de la lumière ou le nombre de lieues qu'elle parcourt dans un temps donné. Il fallait en effet l'apparition ou la disparition subite d'astres extrêmement éloignés, pour mettre cette vitesse en évidence, car elle est tellement grande que la lumière de la Lune n'emploie guère plus d'une seule seconde pour arriver jusqu'à nous.

Voici comment s'est faite l'importante découverte. Après avoir bien observé, bien étudié sous tous les rapports, la marche des quatre satellites, on s'est trouvé en état de déterminer, par le calcul, l'instant précis où devait soit commencer, soit finir le passage de chacun dans le cône d'ombre de Jupiter. Or, cet instant, d'accord avec l'observation quand la Terre se trouvait, par exemple, à son périhélie T' et Jupiter du même côté (F. 31), a précédé de 16' le vrai commencement de l'éclipse lorsque la Terre s'est trouvée à son aphélie T et Jupiter du côté de T'. Quelle différence y avait-il entre les distances de ces corps dans les deux cas ? Évidemment, la longueur TT' du grand axe de l'écliptique. C'est donc cette lon-

gueur qui a causé le retard de 16′; la lumière du satellite observé
a donc mis 16′ à parcourir TT′ ou deux fois 33 525 322 lieues.

Il s'ensuit que la lumière du Soleil S nous parvient en 8′, terme
moyen; qu'elle fait environ 4 millions de lieues par minute; qu'elle
est 10 mille fois plus grande que celle de la Terre sur l'écliptique
(30) et un million de fois supérieure à celle de 906 pieds par
seconde que possède, au sortir du canon, un boulet de 24, tiré
avec deux livres et demie de poudre.

SATURNE.

99. L'apparence de Saturne est celle d'une faible étoile; la lumière en est terne et d'un gris de plomb. Vu au télescope, ce
globe se montre aplati et partagé en six zònes, par cinq bandes
obscures, parallèles à son équateur. L'axe de rotation est plus petit
de $\frac{1}{11}$ que les diamètres qui lui sont perpendiculaires.

100. *Anneau de Saturne.* Nul autre corps céleste ne ressemble à
Saturne : cette planète paraît ordinairement avoir deux anses; du
moins on la voit très-souvent, dans les lunettes, comme la représente la figure 63. Ce phénomène, unique dans l'univers, est
produit par un anneau circulaire, large et mince, dont la perspective forme une ellipse. Le grand axe AB de cette ellipse vaut à peu
près 23 fois le diamètre moyen de la Terre ou 66 719^l; la largeur
AC de l'anneau est approximativement le tiers du diamètre de Saturne ou 9 200^l; il y a donc tout autour du globe un espace libre
CD d'environ 10 milles lieues. Une bande EF, sombre et large de
800^l, partage en deux parties égales la bande brillante; de sorte
qu'on aperçoit comme deux anneaux concentriques, larges chacun
de 4 200^l. Enfin, la coupe faite selon un plan passant par le centre,
donne une autre ellipse très-alongée, dont le grand axe AC égale
la largeur 9 200^l; du moins il est démontré qu'une telle forme est
nécessaire à l'existence de ce singulier corps.

L'anneau de Saturne n'est pas immobile; il a au contraire, autour
de l'axe de la planète, et d'occident en orient, une rotation fort
rapide, 53 fois plus vive que celle de la Terre. puisque chaque point
du bord extérieur parcourt sa circonférence en 10^h 15′. La force
centrifuge qui naît de cette grande vîtesse (17) diminue la contraction des parties de l'anneau, fortement attirées par l'astre qu'elles
entourent, et empêche de tomber sur la planète, celles qui ne sont
pas intimement unies aux autres.

Outre les cinq bandes obscures dont j'ai parlé et qui ont des
positions fixes sur le disque de Saturne, on y en voit encore une
autre dont la position est variable; elle est formée par l'ombre de
l'anneau. Ce corps n'est donc pas lumineux par lui-même, car
s'il l'était, sa concavité C éclairerait le disque au lieu de l'obscurcir.
La même ombre prouve aussi que la lumière de la planète n'est due

qu'à la réflexion des rayons solaires : elle cesse sur les points qui se trouvent privés de ces rayons.

101. *Apparences de l'anneau.* Il est des époques où l'anneau de Saturne se montre sous la forme d'une ellipse dont le petit axe est à peu près égal à la moitié du grand ; il en est d'autres où il devient invisible pour ceux qui le regardent dans des télescopes ordinaires, et alors la planète parait ronde. On la voit partagée en deux parties égales par un filet de lumière qui la déborde à droite et à gauche, si, dans les mêmes circonstances, on observe avec les plus grandes lunettes, celles dont la longueur est de 100 à 136 pieds. La disparition de l'anneau ne tient donc qu'à la faiblesse des instrumens. Elle a lieu de 15 ans en 15 ans et deux fois dans la même année. Ces phénomènes ont pour causes l'inclinaison de 30° du plan de chaque circonférence de l'anneau sur celui de l'orbite, l'angle de $2° \frac{1}{2}$ que cette orbite fait avec l'écliptique, et le parallélisme de l'axe de rotation.

Soient tt' l'orbite de la Terre (F. 64), ss' celle de Saturne et S le Soleil. Il peut arriver, et il arrive en effet, que le plan mn de la plus grande circonférence de l'anneau, passe par la droite st, puisqu'il y a évidemment telle position t de la Terre qui rend l'angle tsS de 30°. Dans ce cas, nous ne pouvons voir que le profil du corps annulaire ; comme ce profil a peu d'épaisseur, la lumière qu'il réfléchit est en trop petite quantité pour être rendue sensible par les télescopes ordinaires, et l'anneau est invisible tant qu'on n'emploie pas de plus longues lunettes.

Vous concevez qu'il y a d'autres positions de Saturne où le plan mn contient la droite Ss, tout en faisant l'angle de 30° avec le plan de l'orbite, de même qu'au moment d'un équinoxe, l'équateur terrestre renferme la droite des centres, sans cesser d'être incliné de $23° \frac{1}{2}$ sur l'écliptique (34). Alors, le profil de l'anneau est seul éclairé et peut seul être aperçu.

On ne saurait voir encore que ce profil, quand le plan mn se trouve dans l'angle tsS, car l'anneau est éclairé en-dessous par rapport à la Terre. Mais, nous voyons toute la face supérieure, si le plan mn passe au delà de Ss, et toute la face inférieure, s'il passe au-dessus de ts.

Lorsque c'est la face inférieure de l'anneau qui est visible, Saturne a l'aspect de la figure 65, observé le 20 juin 1780 ; lorsque c'est la face supérieure, l'aspect est celui de la figure 66, observé le 11 novembre 1793. On ne voyait qu'une grande barre lumineuse (F. 67) le 17 mars 1774, parce que le plan mn passait par le centre de la Terre. Enfin, quand le plan mn se trouve dans l'angle tsS, la barre lumineuse se courbe en ellipse et perd une partie de sa longueur.

102. *Satellites de Saturne.* L'anneau de Saturne doit être regardé comme un immense satellite destiné à réfléchir les rayons solaires vers la planète; mais ce n'est pas le seul qu'elle possède; il y en a sept autres de forme sphérique, plus ou moins gros, qui ont été découverts successivement. On les désigne par leurs numéros d'ordre, comme ceux de jupiter. Le 1er et le 2e ne sont connus que depuis 1789. Le 3e et le 4e se voient difficilement avec des lunettes de 40 pieds. Le 5e est quelquefois visible pendant toute sa révolution. Le 6e est le plus gros de tous; aussi fût-il découvert le premier. L'éclat du 7e surpasse parfois celui des autres, le 6e excepté; mais parfois il disparaît entièrement. Cette disparition ayant toujours lieu au même point de l'orbite ou à la même époque de la révolution, prouve que le 7e satellite présente toujours alors la même face obscure; par conséquent, il a, comme la Lune et les satellites de Jupiter, une rotation dont la durée égale celle de la révolution (63). Les disparitions du 5e et l'analogie portent à croire qu'il en est de même des 6 autres.

Saturne et son cortège offrent encore un autre phénomène unique : celui de plusieurs orbites situées dans le même plan. Les 6 premiers satellites se meuvent en effet dans le plan de l'équateur de la planète, lequel se confond avec le plan de la plus grande circonférence de l'anneau, puisque ces deux derniers corps ont le même axe de rotation (100). L'orbite du 7e satellite est inclinée de 15° sur les autres.

Distances moyennes à Saturne.		Durées des révolutions et des rotations en jours de 24 h.
1er Satellite....	3,35	0,943
2e Satellite....	4,30	1,370
3e Satellite....	5,28	1,888
4e Satellite....	6,82	2,739
5e Satellite....	9,52	4,517
6e Satellite....	22,08	15,945
7e Satellite....	64,36	79,330

L'unité est le demi-diamètre de la planète.

URANUS.

103. La planète nommée Uranus n'est connue que depuis 1781 ; elle peut être mise au nombre des corps télescopiques, car on ne saurait la voir à l'œil nu. Son diamètre apparent est à peine de 12″. Son diamètre réel est estimé 4 fois $\frac{1}{4}$ plus grand que celui de la Terre. Elle serait donc 77 fois plus volumineuse que notre globe.

Il faut 84 ans à Uranus pour achever sa révolution autour du Soleil. Cette planète se meut avec une grande lenteur, car son orbite n'est pas égale à 20 fois celle de la Terre, et parconséquent, sa vitesse est un peu au-dessous du quart de la nôtre. Cela fait penser qu'au-delà d'Uranus, il n'y a plus de planètes : leur vitesse serait effectivement plus faible encore, et peut-être n'auraient-elles pas la force centrifuge qui leur serait nécessaire pour résister aux attractions.

104. *Satellites d'Uranus.* La dernière des planètes est moins bien partagée que Saturne en satellites : elle en a six seulement. Deux furent découverts en 1787 ; les autres l'ont été postérieurement. Les orbites des premiers sont presque d'équerre sur celle d'Uranus.

Distances moyennes à Uranus.		Durées des révolutions et des rotations en jours de 24 h.
1er Satellite.... 13,12		5,893
2e Satellite.... 17,02	L'unité est le	8,707
3e Satellite.... 19,85	demi-diamètre	10,961
4e Satellite.... 22,75	de la	13,456
5e Satellite.... 45,51	planète.	38,075
6e Satellite.... 91,01		107,694

LES COMÈTES.

105. *Définitions.* Le Soleil, les planètes et leurs satellites ne sont pas les seuls corps qui apparaissent dans la sphère immense limitée par les étoiles. On y voit encore d'autres corps qui ont un mouvement propre, comme les planètes, et qui tournent aussi autour du Soleil, mais dans des ellipses extrêmement alongées. Ce sont ces corps qu'on aurait pu à bon droit nommer *astres errans* (81) : leurs orbites diffèrent beaucoup sous le rapport de l'excentricité ; toutes ne sont pas parcourues dans le même sens ; les grands axes des unes forment des multiples très-élevés des grands axes des autres, et les angles qu'elles font avec l'écliptique, varient depuis zéro jusqu'à 90°.

Le nom de *comètes* qui a été donné à ces astres, signifie *étoiles chevelues*. Il provient de ce que les plus remarqués présentent un point lumineux, un *noyau* entouré d'une auréole irrégulière, plus ou moins brillante, qui lui forme comme une *chevelure*, et de ce que cette tête de l'astre est suivie d'une ou plusieurs trainées lumineuses comparées à des *queues*. Mais, il existe bien d'autres corps qui offrant les mêmes caractères astronomiques, sans avoir ni noyau, ni queue, sont aussi appelés *comètes*.

106. *Nébulosité.* La chevelure est une *nébulosité* pour les astronomes. Il n'y a point de comète qui ne présente cette espèce de brouillard, et il en est qui ne sont pas autre chose qu'un amas globulaire de vapeurs. La petite comète de 1804 était une simple nébulosité d'environ 2 000 lieues de diamètre.

Quand il existe un noyau, la nébulosité forme parfois plusieurs enveloppes sphériques et assez lumineuses, séparées par des couches sphériques aussi, dont la lumière est à peine sensible. D'autres fois, il n'y a qu'une enveloppe lumineuse séparée du noyau. Les enveloppes des comètes de 1799, 1807, 1811 avaient respectivement une épaisseur de 8 000ˡ, 1 200ˡ, 10 000ˡ. Un intervalle de 12 000ˡ séparait cette dernière du noyau.

Si la comète a une queue, la nébulosité ne forme plus qu'une demi-sphère. La convexité est tournée vers le Soleil, et la queue s'étend dans le sens opposé.

Les nébulosités des comètes sont presqu'aussi transparentes que l'air : les plus faibles lumières peuvent les traverser sans cesser d'être visibles; la preuve, c'est qu'on aperçoit les plus petites étoiles au travers.

Enfin, les nébulosités éprouvent une dilatation en s'éloignant du Soleil, ou une contraction pendant qu'elles s'en rapprochent; ces phénomènes, observés pour la première fois, il y a long-temps, traités de chimériques jusqu'à nos jours, et maintenant encore inexplicables, ont été constatés en 1828 sur la comète de cette année. Le 28 octobre, quand sa distance au Soleil était environ 1 fois $\frac{1}{2}$ celle de la terre, le diamètre de sa nébulosité contenait 79,5 rayons terrestres, et le 24 décembre, au moment où la distance n'était plus qu'à peu près moitié de la nôtre, le diamètre se trouvait réduit à un peu plus de 3 rayons terrestres.

107. *Noyau.* Le noyau d'une comète ressemble aux planètes par la forme et l'éclat. Il est généralement très-petit, mais parfois il est au contraire très-gros. Voici les diamètres de quelques noyaux :

	lieues.		lieues.
Comète de 1798..........	11	Comète de 1807...	222
Comète de décembre 1805....	12	Seconde comète de 1811....	1089
Comète de 1799.................	154		

On croit que certains noyaux, quoique plus compactes que les nébulosités, ne le sont pourtant pas au point d'intercepter la lumière. Plusieurs astronomes prétendent avoir vu des étoiles au travers de quelques-uns. Mais il est à présumer qu'il existe aussi des noyaux d'une compacité analogue à celle des planètes, car bon nombre de comètes ont eu un éclat qui les rendait visibles en plein jour, et soit que cet éclat leur appartînt en propre, soit qu'il provînt des rayons solaires, il ne saurait être attribué à un amas de vapeurs transparentes.

On ignore encore, comme vous voyez, si les comètes sont lumineuses par elles-mêmes ou si elles brillent seulement par réflexion.

108. *Queue.* La queue d'une comète est ordinairement placée à l'opposite du Soleil et fait un angle plus ou moins grand avec la droite qui joint les centres des deux astres. Lorsque la comète s'éloigne du périhélie, sa queue la précède, et probablement à cause de la rapidité du mouvement au milieu de l'éther (31), elle se courbe vers les positions précédentes. Celle de la comète de 1744, par exemple, formait presque un quart de cercle.

Les queues n'ont pas une largeur uniforme; elles font en quelque sorte l'éventail, et c'est par leur partie la plus étroite qu'elles se rattachent à la nébulosité. Vers le milieu, est une bande obscure qui règne d'un bout à l'autre. Cette bande fait présumer qu'une queue de comète est un cône creux. Vous concevez en effet que les bords longitudinaux d'un semblable cône contenant plus de matière lumineuse ou éclairée que le milieu, doivent avoir plus d'éclat.

Assez souvent, les comètes ont plusieurs queues séparées. Celle de 1744 en a présenté 6 pendant deux jours. Chacune était large d'environ 4° et longue de 30 à 44° ou de 3 millions de lieues. Les intervalles qui les séparaient étaient aussi sombres que le reste du ciel.

Il y a des queues beaucoup plus longues encore que la précédente. La comète de 1689 en avait une de 68° qui ressemblait à un sabre turc par sa courbure. Celles des comètes de 1680 et de 1769 occupaient 90 et 97°. La seconde contenait plus de 16 millions de lieues, et la première plus de 41 millions.

On regarde aujourd'hui les queues des comètes comme formées aux dépens des nébulosités, par les rayons du Soleil, qui transportent au loin les vapeurs les plus légères. Ce qu'il y a de certain, c'est qu'elles naissent et s'évanouissent en peu de jours dans les environs du périhélie. La distance au Soleil est alors en général fort petite : celle de la comète de 1680, par exemple, n'était que la sixième partie du diamètre solaire, ou 52500^1. A une telle proximité, la puissance des rayons lumineux doit être très-grande.

Pour vous donner, en passant, une idée de la chaleur qu'éprouvent les comètes au périhélie, je vous dirai que, sur celle de 1680, la température a dû être 28 mille fois plus haute qu'au moment le plus chaud de notre été, et 2 mille fois plus haute qu'à la surface d'une barre de fer chauffée jusqu'au rouge.

109. *Distinction des comètes.* Nous connaissons aujourd'hui un grand nombre de comètes. On les distingue les unes des autres en les désignant soit par l'année où elles ont été bien observées pour la première fois, soit par le temps de la révolution autour du Soleil. Ainsi, l'on dit la comète de 1680, la comète de 6 ans $\frac{3}{4}$, la comète *à courte période* ce qui signifie *à courte révolution*.

Mais, comment reconnaît-on qu'une comète actuellement visible s'est déjà montrée à une certaine époque, ou qu'elle n'a pas encore été aperçue, signalée, déterminée ?

Les astronomes l'observent dans trois positions différentes. Comme trois points suffisent pour fixer la position d'un plan, on déduit des trois observations, l'inclinaison de l'orbite cométaire sur l'écliptique, la position de la droite des nœuds (59), celle du sommet périhélie qui, avec le centre du Soleil situé au foyer de l'ellipse, détermine la direction du grand axe, enfin le sens du mouvement. Si ces quatre choses ou *élémens* se trouvent être à peu près les mêmes pour la comète visible et pour une comète anciennement observée, les deux corps n'en font très-probablement qu'un, car il serait presque miraculeux que deux corps différens suivissent,

dans l'immensité des cieux, absolument la même route et la suivissent de la même manière.

Il est vrai que les quatre élémens d'une comète conviennent tout
aussi bien à la parabole qu'à l'ellipse. Mais, quand cette dernière
courbe est très-alongée, elle se confond sensiblement avec la parabole qui a même sommet, même foyer, et qui passe par un
des trois points observés, tous fort rapprochés du sommet. Conséquemment, on peut alors, sans commettre d'erreurs notables, regarder comme parabolique, la route de la comète à travers les
régions célestes où l'astre est visible de la Terre.

Lorsque le tableau des comètes connues n'en présente aucune
qui ait à peu près les quatre élémens trouvés, il n'y a rien à conclure : la comète visible peut être un astre tout nouveau, mais elle
peut être aussi un astre ancien. On sait effectivement que l'attraction
des planètes, dont les comètes s'approchent parfois assez près,
trouble la marche de ces derniers corps et modifie leurs orbites,
de telle manière qu'ils peuvent n'avoir pas à beaucoup près les
mêmes élémens vers deux époques de périhélie différentes. Témoin
la comète de 1770 qui parut décrire une ellipse plus courte que
celle de Jupiter et devoir la parcourir en 5 ans $\frac{1}{2}$; on ne l'avait vue
ni 5 ans $\frac{1}{2}$, ni 11 ans, ni 16 ans $\frac{1}{2}$ auparavant, parce que sa
moindre distance au Soleil était de 199 millions de fois 2000 toises
et que sa révolution se faisait en 50 ans; on ne l'a point revue
en 1776, parce que son passage au périhélie s'effectua rapidement
et pendant le jour; on ne l'a plus aperçue depuis, parce que sa
moindre distance est devenue, en 1780, de 131 millions de fois
2000 toises, et que cet éloignement suffit bien pour la rendre
invisible. Tout cela est aujourd'hui parfaitement démontré par les
principes de la Mécanique appliqués aux perturbations causées par
l'attraction de Jupiter : la comète de 1770 dut en 1767 s'appro-
cher de cette planète à moins de la 58ᵉ partie de sa distance au
Soleil; en 1779, pendant qu'elle revenait vers nous, elle se trouva
500 fois plus éloignée de cet astre que de la même planète.

Il y a donc des comètes dont la marche est tellement irrégulière, qu'elles cessent d'être visibles pendant un grand nombre de
leurs révolutions, et qu'on ne peut les reconnaître quand elles viennent à se montrer de nouveau.

110. *Comètes bien connues.* Quoique les comètes observées soient
en grand nombre, il n'en est pourtant que 3 qui aient une périodicité connue et certaine : une d'elles fait sa révolution en 76 ans,
une autre en 3 ans $\frac{3}{10}$, et la troisième en 6 ans $\frac{3}{4}$.

Comète de 76 ans. Les élémens de la première furent déterminés
dès 1607; elle revint en 1682, et alors son retour fut prédit pour
1759. Cette période a une année de plus que la précédente, mais
en 1682 on avait des instrumens et des méthodes de calculs que
ne possédaient point les astronomes de 1607. La prédiction s'est

accomplie avec une telle précision, que les élémens de 1759 se trouvèrent exactement ceux qui avaient été déduits du calcul par *Clairaut*, célèbre géomètre français. La même comète est annoncée pour le 16 novembre 1835, et il y a tout lieu de croire que cette seconde prédiction s'accomplira comme la première, bien qu'elle énonce une date précise; car on a tenu compte dans les calculs, de l'action perturbatrice d'Uranus qui n'était pas connue du temps de Clairaut.

Ce qui est très-remarquable encore, c'est que les élémens d'une comète bien observée en 1531, 76 ans avant 1607, ayant été calculés en 1682, se trouvèrent très-peu différens des élémens pour cette dernière époque. Il est donc extrêmement probable que les comètes de 1531, 1607 et 1682 ne sont qu'un seul et même astre, et il le devient beaucoup que cet astre est encore la comète de 1456. N'est-il pas permis, d'après cela, de rapporter aux apparitions de la comète de 76 ans, les comètes de 1305, 1230, 1006, 855 et même celle qui fut vue 52 ans avant Jésus-Christ? Il y aurait eu deux révolutions de l'astre entre 1305 et 1456, une seule entre 1230 et 1305, trois entre 1006 et 1230, deux entre 855 et 1006, douze entre la première apparition connue et l'année 855.

Il ne faut pourtant pas attendre en 1835, l'énorme comète de 1305, ni la longue queue et le brillant noyau de 1456 qui causèrent tant d'épouvante: ils annonçaient, disait le vulgaire ignorant, que la chrétienté allait être ravagée et détruite par les turcs. Il ne faut pas même compter sur une comète aussi brillante que celle de 1682, dont la queue, moitié de la précédente, occupait un arc de 30°.

111. *Affaiblissement des comètes.* Il paraît qu'à chaque révolution, les comètes disséminent dans l'espace une partie de l'atmosphère qui forme la chevelure, et comme cette atmosphère provient des vapeurs qui s'élèvent du noyau, quand l'astre éprouve une forte chaleur en passant au périhélie, ce noyau diminue constamment, et l'éclat de la comète s'affaiblit à chaque apparition. C'est là du moins ce qui résulte des faits actuellement connus.

Il n'est pas impossible sans doute que les comètes augmentent, après avoir ainsi diminué pendant un certain nombre de révolutions; mais jusqu'à présent il n'y a pas d'exemple certain d'accroissement, et les causes qui pourraient le produire n'ont point encore été prises sur le fait. Les uns pensent que chaque comète peut, en traversant les cieux, reprendre une partie de la matière atmosphérique qui s'y trouve abandonnée; d'autres croient que s'approchant de plus en plus du Soleil, les comètes finissent par s'y précipiter tour à tour et en sortent bientôt plus grosses, plus brillantes que jamais.

112. *Chûte des comètes sur le Soleil.* Les astronomes n'ont jamais été à même d'observer de tels phénomènes; mais il s'en

faut de beaucoup qu'on puisse les déclarer impossibles. Les comètes passant très-près du Soleil à leur périhélie, pénètrent probablement dans l'atmosphère de cet astre (6), et comme il est aujourd'hui certain que l'éther, qui n'oppose point de résistance appréciable aux planètes ni aux satellites, augmente la durée de la révolution des corps cométaires bien moins compactes, on ne peut refuser d'admettre que ces mêmes corps, animés d'ailleurs d'une grande vitesse vers leur périhélie, doivent éprouver un notable ralentissement quand ils viennent à sillonner l'atmosphère solaire. Il y a dès-lors prédominance de la force centripète sur la force centrifuge (31), et la comète abandonnant la courbe qu'elle décrivait, se rapproche peu à peu du Soleil. Pour les mêmes raisons, un nouveau rapprochement s'effectuera au prochain retour ; le grand axe de l'orbite diminuera donc à chaque révolution, et finalement, au bout d'un nombre de siècles qu'on ne saurait assigner, la comète tombera sur le Soleil. Telle est du moins la destinée certaine de celle de 1680.

113. *Comète à courte période.* La comète qui fait sa révolution en 3 ans $\frac{3}{10}$, est dite *à courte période.* Elle fut vue en 1786, 1795, 1805, 1818, 1822, 1825, 1829, et se retrouvera au périhélie le 4 mai 1832. S'il manque plusieurs apparitions entre ces diverses époques, c'est que l'astre étant très-petit et invisible à l'œil nu, aura échappé plusieurs fois aux observateurs, car sa périodicité est maintenant un des faits astronomiques les plus avérés, tant il y a eu d'accord entre les observations relatives aux trois derniers retours et les positions indiquées à l'avance par le calcul.

114. *Comète de 6 ans $\frac{3}{4}$.* La troisième comète périodique apparut en 1826. Ses élémens montrèrent qu'elle avait déjà été vue en 1805 et en 1772. On la jugea donc périodique et l'on fit subir aux données fournies par les observations, les opérations nécessaires pour en déduire les axes de l'orbite elliptique et le temps employé à parcourir cette courbe. Deux astronomes trouvèrent séparément que la révolution était d'environ 7 années. Des calculs plus rigoureux, dans lesquels entrèrent toutes les causes de perturbation et même la résistance de l'éther, fixèrent ensuite à 6 ans $\frac{3}{4}$ la période ; de sorte qu'il y aura en 1832 apparition de la comète de 1806.

Les mêmes calculs ont appris de plus que l'astre traversera le plan de l'écliptique le 29 octobre 1832, avant minuit, en un point situé au dedans de l'orbite terrestre. Mais, la distance de ce point à la route suivie par le centre de la Terre, est assez incertaine, et d'ailleurs telle que la donne le calcul, elle n'est pas assez grande pour empêcher la chevelure de la comète d'empiéter un peu sur l'écliptique. La Terre rencontrerait donc à tout le moins l'atmosphère cométaire, si le 29 octobre elle se trouvait dans l'arc envahi,

Heureusement, il est rigoureusement démontré qu'elle n'arrivera dans cette partie de sa courbe, que le 30 novembre, plus d'un mois après le moment où la comète l'aura occupé, et il s'ensuit que la moindre distance qui puisse exister le 29 octobre entre les deux corps, est de 20 millions de lieues. C'est bien assez pour rassurer les plus timides : il serait absurde de craindre un choc entre deux corps qui, dans l'instant où ils seront le plus voisins, se trouveront pourtant séparés par un intervalle de 20 millions de lieues.

On dira peut-être que les calculs astronomiques peuvent tromper ; mais pour détruire cette crainte, il suffit, je pense, de faire observer que les mêmes calculs fournissent des résultats d'une extrême précision relativement aux éclipses, au retour de quelques comètes et à une foule d'autres phénomènes. Le célèbre astronome *Arago*, dont je mets à profit l'excellente notice sur les comètes, affirme d'ailleurs que les erreurs, s'il y en a, ne peuvent former une différence d'un mois, et cela n'est pas difficile à croire.

Dois-je prendre la peine d'assurer que la comète de 1832 ne causera même aucune altération dans la route de notre globe? Quel homme sain d'esprit pourrait prétendre que la route suivie par un oiseau ou un boulet, sera altérée par un autre oiseau ou un autre boulet qui la traversera? Pour qu'il y eût changement quelconque, il faudrait que l'écliptique fût matériel, fût, par exemple, une ellipse en fil-de-fer. Or, il n'en est rien : cette ellipse n'est pas plus matérielle que la courbe suivie par une bombe ou par un caillou jeté en l'air.

Il faut désabuser aussi ceux qui au lieu de s'alarmer, se réjouiraient de la comète de 1832, pensant qu'elle nous donnera une aussi bonne année que celle de 1811. Parce que l'année 1811 a été chaude et qu'une comète l'a rendue remarquable, est-ce à dire que l'année sera chaude toutes les fois qu'il y aura une comète visible? Certainement non ; pour conclure ainsi, il faudrait avoir préalablement démontré que la présence d'une comète doit échauffer notre atmosphère. Hé bien ! des 29 dernières années, les plus froides ont été 1805 et 1829 : dans la première, deux comètes se sont montrées, et dans la deuxième, est apparue la comète à courte période. L'année 1808 a eu quatre comètes et n'a pas été chaude, assurément. L'année 1831 n'a point vu de comète, et pourtant elle a joui d'une température plus élevée que celle de 1819 où se sont montrées trois comètes dont une très-brillante.

Voilà des faits qui prouvent bien, ce me semble, que l'apparition des comètes n'exerce aucune influence sur nos saisons. L'année 1832 sera donc chaude ou froide, sans que l'un ou l'autre cas soit imputable à la comète d'octobre, et par conséquent, il n'y a aucune prédiction raisonnable à faire sur la température moyenne de cette année, ni sur celle d'aucune autre.

115. *Plus courtes distances des comètes à la Terre.* Les comètes passent bien rarement aussi près de nous qu'en passera cette année la précédente. Celle de 1770 qui jusqu'ici s'est le plus approchée de la Terre, était à son périgée encore 6 fois plus éloignée que la Lune. Le tableau suivant vous fera connaître les moindres distances où, après le 29 octobre 1832, auront pu se trouver par rapport à notre globe, les comètes qui se seront le plus approchées de l'écliptique. Il présente en rayons terrestres, les plus courtes distances à cette courbe. Les comètes correspondantes seront restées peut-être plus éloignées de la Terre, mais évidemment jamais elles ne l'auront été moins.

	r		r
Comète de 1680	112	Comète de 1779	346
1684	215	1805	260
1742	330	1832 (octobre)	4
1770	368		

116. *Puissance d'attraction des comètes.* Non seulement les comètes passent en général fort loin de nous, dans les 6 mois environ qu'elles sont en vue, mais encore leur force d'attraction est très-faible. Si la comète de 1770, par exemple, eût renfermé autant de matière que la Terre, elle aurait, par son attraction (10), augmenté l'année de $2^h 53'$, pour la même raison que l'attraction de notre globe a rendu la révolution de cette comète plus longue de deux jours au moins. Or, l'année 1770 n'a pas présenté une altération d'une seule seconde, et pour qu'une telle altération eût eu lieu, il aurait fallu que l'attraction de la comète fût $\frac{1}{5000}$ de celle de la Terre. Elle était donc en réalité beaucoup plus faible encore. Cela explique comment la comète de 1770 a pu traverser deux fois le système des satellites de Jupiter, sans y causer la moindre perturbation. Ainsi, les planètes peuvent bien modifier fortement la marche des comètes, mais ces derniers astres ne sauraient troubler les mouvemens des premiers, à moins qu'il n'y ait rencontre.

117. *Probabilité du choc d'une comète.* Le choc d'une planète et d'une comète n'est pas en effet chose impossible. On conçoit que des astres qui parcourent les cieux dans toutes les directions imaginables, qui traversent les orbites des planètes et passent même souvent entre Mercure et le Soleil, puissent, à la longue, se rencontrer avec quelque planète. Mais fort heureusement, la probabilité d'un tel choc est extrêmement petite, car le plus gros des globes connus n'est qu'un point par rapport à l'immensité des cieux. D'ailleurs, le même calcul qui fait trouver combien il y a de chances pour que tel numéro sorte de la roue d'une loterie, ou pour amener as en jetant un dé à six faces, donne au juste la probabilité du choc de la Terre par une comète. Supposant qu'un tel astre vienne à passer plus près que nous du Soleil, et portant le diamètre du noyau au $\frac{1}{4}$ du diamètre de la Terre, on trouve que sur 281 millions de chances, il n'y en a qu'une, une seule pour la rencontre de notre globe et d'un noyau de comète. A la vérité, il peut bien exister 10 à 20 chances défavorables, sur le même nombre 281 millions de chances quelconques, pour que nous passions un jour dans une nébulosité, mais aussi les effets de ce passage seraient probablement moins graves que ceux du choc d'un noyau.

Quoi qu'il en puisse être, vous voyez qu'en admettant la destruction complète de l'espèce humaine, par suite de la rencontre d'un noyau ou d'une nébulosité avec la Terre, chaque individu n'est pas plus exposé à périr, quand apparait une comète inconnue, qu'il ne le serait à tirer une boule noire d'une urne qui en contiendrait une vingtaine de cette couleur mêlées à 280 999 980 boules blanches. Certes, tout homme raisonnable peut bien se rire d'un si faible danger. Il n'est pas plus grand, s'il l'est autant, que celui d'être tué par la chûte d'un corps quelconque, pendant que nous cheminons tranquillement le long de nos maisons dont les toits et les fenêtres récèlent tant de causes de mort.

Mais, si le choc d'une comète est un évènement très-peu probable pour l'avenir, ce choc est du moins possible; et s'il est possible, il a pu avoir lieu; et s'il a eu lieu, la cause du déluge est toute trouvée.

Le déluge est un fait certain, tout l'atteste; du moins la constitution des diverses couches qui forment la Terre, rend évident que certaines régions du globe ont été plusieurs fois couvertes et abandonnées par les eaux. Mais, tout prouve aussi que ces déluges n'ont pas eu pour cause le choc d'une comète.

Les dépôts de la mer sont souvent disposés horizontalement, régulièrement; il y en a de très-étendus, de très-épais. Les plus petits des coquillages dont ils sont composés, ont conservé leurs parties les plus délicates, les plus fragiles. La formation de ces dépôts a donc été lente, tranquille, et certainement les eaux n'ont pu être transportées violemment sur les points qu'ils occupent, ni s'en retirer avec rapidité.

Or, il y aurait eu transport violent et retour rapide, si la mer eût franchi ses rivages par l'effet du choc d'une comète. Je ne puis, pour vous le démontrer, supposer que le choc ait arrêté la Terre tout à fait, car la force centrifuge fût devenue nulle, et notre globe obéissant alors à la seule attraction du Soleil (31), se serait précipité vers cet astre, qu'il aurait nécessairement atteint en 64 jours $\frac{1}{2}$. Supposons donc seulement que le choc ait changé la position de l'axe, en détruisant tout-à-coup la vitesse de quelques points.

Comme les eaux ne sont pas unies à la Terre, qu'elles se meuvent librement à la surface et se trouvent animées, ainsi que tout le reste, d'une vitesse de 23 000' à l'heure (30) ou de 6',4 par seconde, il leur serait arrivé ce qui arrive au cavalier dont le cheval s'arrête brusquement, au milieu d'une course rapide : de même que ce cavalier est jeté au loin, en avant, avec toute la vitesse qui lui a été communiquée par sa monture, de même, au moment du choc, les eaux situées près des points heurtés, se seraient élancées hors de leur lit, avec l'effroyable vitesse de $6^l,4$ par seconde, et auraient certainement tout bouleversé sur leur passage; puis, arrêtées enfin sur des terrains élevés, elles seraient revenues en immense torrent vers les plages abandonnées.

Il est donc impossible d'attribuer au choc d'une comète les catastrophes appelées déluges, ni, pour les mêmes raisons, l'énorme affaissement qui a fait descendre à 100 mètres au-dessous du niveau de l'Océan, le bassin de la mer Caspienne, et à 50 mètres les contrées russes qu'arrose le Volga. Ces faits et plusieurs autres dont on voulut aussi donner tout l'honneur aux comètes, sont aujourd'hui parfaitement expliqués, sans qu'il soit besoin de faire intervenir des causes étrangères à notre globe.

118. *Entrée des queues de comètes dans notre atmosphère.* Fort bien, direz-vous; nous voilà rassurés sur un grand point; mais ces queues qui occupent parfois plus de la moitié du cintre de la voûte azurée, ces queues dont la longueur va jusqu'à surpasser notre distance au Soleil, n'offrent-elles pas quelque péril?

On ne saurait nier que la Terre peut un jour se trouver enveloppée par une queue de comète; il est même certain que les parties extrêmes de cette longue trainée de vapeurs lumineuses, très-faiblement attirées par le noyau et la nébulosité (107), très-fortement attirées au contraire par notre planète, peuvent entrer dans son atmosphère et s'y mêler à l'air qui alimente la vie des plantes et des animaux. Est-ce par de pareils événemens qu'ont été causés tant d'épidémies, tant de fléaux dont l'humanité eut à gémir?

Il est si difficile qu'une comète apparaisse, sans trouver une partie des hommes aux prises avec quelque calamité, assiégés comme ils le sont par une foule de maux, qu'il n'est pas étonnant de voir attribuer aux astres chevelus une funeste influence. Mais, tout esprit exempt de préjugés juge que cette influence est chimérique, quand il considère qu'en 1680, époque de l'apparition d'une des plus brillantes comètes, on eut, pour tout malheur, *un hiver froid suivi d'un été sec et chaud,* et qu'en 1665, durant l'effroyable peste de Londres, il n'y eut aucune maladie extraordinaire ni à Paris, ni en Hollande, ni même dans un grand nombre de villes d'Angleterre très-voisines de la capitale, bien que la comète de cette année fût visible dans tous ces lieux. Et d'ailleurs, ne suffit-il pas de se dire qu'il y a bien peu de matière dans ces queues si transparentes, pour penser que leurs extrémités venant à se disséminer dans toute notre atmosphère, ne peuvent guère en altérer la constitution?

Mais, les brouillards lumineux qui ont affecté la plus grande partie du globe en 1783 et en 1831, n'auraient-ils pas été produits par les vapeurs cométaires mêlées à l'air ou tout au moins superposées à l'atmosphère?

Non, et voici pourquoi. Pendant le brouillard de 1783, on voyait les étoiles dans quelques lieux et pendant certaines nuits; en pleine mer elles étaient toujours visibles. Le brouillard de 1831 n'était pas général en Europe; du moins il y a des points qui, comme Paris, l'eurent peu épais et durant quelques jours seulement. Si donc ces brouillards dont la lumière était très-sensible, même à minuit, avaient été causés par la présence d'une queue de comète dans notre atmosphère ou plutôt autour, on aurait nécessairement aperçu l'astre. Il n'est pas admissible que pendant un mois, durée du premier brouillard, la tête de la comète se soit levée et couchée constamment en même temps que le Soleil; une conjonction aussi longue est impossible. Or, en aucun point de la Terre, on ne vit de comètes ni pendant les deux brouillards, ni quelques jours avant leur formation, ni quelques jours après qu'ils eurent cessé.

119. *Changement des comètes en planètes.* Il me reste à vous parler d'une opinion que des faiseurs de systèmes ont émise sur la formation de l'univers. Ils pensent que les planètes et leurs satellites ont été primitivement des comètes dont les orbites se sont peu à peu retrécies, et les révolutions, ralenties. Les nébulosités condensées auraient grossi le noyau, et les parties les plus subtiles seraient restées suspendues, pour former les atmosphères.

Si vous vous rappelez que les révolutions des planètes et des satellites se font toutes dans le même sens, qu'il en est de même des rotations (83) et que le contraire a lieu pour les comètes, vous verrez d'abord que la transformation devrait avoir été subie seulement par les corps cométaires de même direction, et qu'il faudrait admettre, contre toute raison, l'exclusion absolue des autres.

En outre, la condensation des nébulosités aurait dû être d'autant plus forte, que les comètes transformées seraient restées plus éloignées du Soleil. Ce serait donc les dernières planètes qui devraient être les plus compactes. Or, c'est l'inverse qui est vrai : les poids spécifiques des planètes vont en diminuant de Mercure à Saturne. Il est prouvé, par le calcul des forces d'attraction et par leur comparaison aux volumes, que le rapport des poids spécifiques de Mercure et de la Terre est à peu près celui qui existe entre la pierre et l'eau ; que pour la Terre et Saturne, c'est le rapport de l'argent et du bois.

Le changement des comètes en planètes est donc une hypothèse absolument contraire aux faits. Quant aux satellites, on ajoute un argument sans réplique, à celui d'une seule et même direction de mouvemens, en faisant remarquer que la Lune n'a point d'atmosphère (56).

Au reste, il y a 16 corps célestes dont les rotations sont constatées et se font dans le même sens; 11 planètes et 18 satellites décrivent leurs orbites dans la même direction. Ne s'ensuit-il pas que ces 45 mouvemens sont dûs à une cause unique qui les a tous imprimés au même instant? D'après le calcul des probabilités, il y a plus de 4 milliards à parier contre un, que notre système planétaire a été formé ainsi.

Enfin, il a été démontré par Laplace, que ce système tel qu'il est, n'a jamais pu et ne pourra jamais qu'osciller d'une très-petite quantité autour d'un état moyen. Par conséquent, les orbites des planètes et des satellites ont toujours été et seront toujours presque circulaires; d'où il suit qu'aucun de ces corps n'a été primitivement une comète.

LES ÉTOILES.

120. *Étoiles fixes.* A l'exception du Soleil, de la Lune et des comètes, tous les astres qui brillent au firmament sont appelés vulgairement *étoiles.* Mais, plusieurs de ces corps, les planètes et les météores dits *étoiles filantes* ou *tombantes,* diffèrent beaucoup des autres: ils changent de place et se transportent souvent à de grandes distances, tandis que ceux qui les entouraient conservent toujours, à fort peu près, leurs positions respectives et demeurent constamment situés de la même manière dans les cieux. Pour éviter toute erreur, les astronomes nomment *étoiles fixes,* celles qui offrent perpétuellement le même arrangement, quel que soit le point de la Terre d'où on les regarde, quelle que soit la position de ce globe sur l'écliptique.

Nous n'avons pas à nous occuper des étoiles filantes, elles appartiennent au domaine de la Physique et non à celui de l'Astronomie. On les croit formées de matières qui, suspendues dans l'atmosphère, sont réunies et enflammées par l'électricité, puis se meuvent alors comme des fusées, jusqu'à leur extinction.

121. *Nombre des étoiles fixes.* Il n'y a guerre que 2000 étoiles visibles à l'œil nu, au-dessus de l'horizon; mais on en découvre un si grand nombre dans un télescope de 20 pieds, que si elles étaient parsemées uniformément sur la sphère céleste, leur totalité s'éleverait au moins à 75 millions. Cependant, ce n'est pas tout encore; car s'il en est tant dont la lumière se trouve trop faible pour être sensible à la vue simple, il doit y en avoir beaucoup plus, que les grands télescopes ne peuvent rendre visibles; de sorte qu'à vrai dire, les étoiles fixes sont innombrables.

Voie lactée. La bande blanchâtre et irrégulière qui semble entourer le ciel, comme un grand chemin, et que sa couleur a fait nommer *voie lactée,* renferme à elle seule un grand nombre de millions d'étoiles. A l'aide des plus forts télescopes, on y en découvre des myriades, placées les unes en arrière des autres, jusqu'à une immense profondeur, et pourtant cette profondeur où peuvent plonger nos yeux, n'est probablement rien en comparaison de celle qui leur échappe. L'immensité des cieux et le nombre infini des astres qui s'y trouvent répandus, sont choses que l'imagination la plus puissante ne saurait se représenter.

Nébuleuses. Quelques autres parties du ciel offrent des taches blanchâtres, de peu d'étendue en apparence, et tout-à-fait analogues à la voie lactée. Vues au télescope, les unes sont comme des nuages blancs et irréguliers, parsemés de très-petites étoiles; les autres ne renferment aucun point brillant. On appelle ces taches des *nébuleuses.* Toutes sont aussi sans doute des amas d'étoiles qui, à cause de leur grand éloignement, ont très-peu d'éclat; car telle nébuleuse qui paraît d'une blancheur uniforme dans une faible lunette, présente un grand nombre de petits points brillans, lorsqu'on la regarde avec une lunette beaucoup plus forte.

122. *Distance des étoiles à la Terre.* Lorsque la Terre est en T', au solstice d'hiver (F. 31), prenez l'angle que forment les lignes de mire de deux étoiles fixes quelconques, situées à l'opposite du Soleil S; observez ensuite l'angle de deux lignes de mire dirigées vers les mêmes étoiles, à l'époque du solstice d'été, quand la Terre est dans la position T; vous trouverez absolument la même indication en degrés, minutes, secondes et fraction de seconde, comme si vous n'aviez pas changé de place. Cependant votre distance au deux étoiles s'est augmentée de TT', diamètre de l'écliptique, et ce diamètre est d'environ 67 millions de lieues. Cette énorme longueur n'est donc rien, par rapport à l'éloignement des étoiles, car si elle lui était comparable, l'angle de vision au point T embrasserait nécessairement l'angle de vision au point T'.

Supposez qu'aux deux extrémités d'un diamètre de la Terre, on observe la même étoile fixe, une des plus brillantes, et qu'on trouve une seule seconde pour l'angle des deux lignes de mire. La distance de cette étoile, calculée au moyen des perpendiculaires des angles (2), suppasserait 7 trillions de lieues. Hé bien! les meilleurs instrumens n'accusent pas même un angle d'une seconde; ils montrent qu'il n'y a pas d'angle du tout, et que les deux lignes de mire sont parallèles. L'éloignement des étoiles les plus voisines de la Terre surpasse donc 7 trillions de lieues; il ne peut guère être estimé à moins de 1000 fois autant, pour les plus petites étoiles de la voie lactée et des nébuleuses.

Si vous vous rappelez que la lumière du Soleil met 8' à parcourir le demi-diamètre moyen de l'écliptique ou 33 millions de lieues (98), vous trouverez aisément que la lumière des étoiles les plus voisines de la Terre emploie plus de 3 ans pour parvenir jusqu'à nous. Il y a donc au moins 3 ans qu'est émanée d'une étoile très-brillante, la particule lumineuse qui frappe notre œil au moment où nous regardons cet astre; pour une des dernières étoiles de la voie lactée, il y a plus de 3 mille ans que la particule lumineuse est partie.

123. *Distance des étoiles entre elles.* Les étoiles de la voie lactée semblent se toucher; mais en général, comme vous savez, des lignes de mire dirigées à deux étoiles voisines, font un angle bien marqué. Prolongez par la pensée les deux côtés de cet angle jusqu'au delà de 7 trillions de lieues; vous arriverez *peut-être* aux deux étoiles. Et dites-moi quel sera alors l'écartement des extrémités de vos lignes de mire, si petit que vous supposiez leur angle. Il sera prodigieux; il surpassera 7 millions de lieues, quand l'angle aura seulement 1″ d'ouverture.

Mais, deux étoiles qui ont à peu près le même éclat, et que pour cette raison nous pouvons supposer à la même distance de la Terre, donnent un angle de bien plus d'une seconde. Concluez donc de là que les étoiles qui se trouvent sur la même surface sphérique, par rapport à nous, sont écartées les unes des autres de plusieurs fois, de mille fois au moins 7 millions de lieues.

124. *Nature des étoiles.* Il est évident que des astres aussi énormément éloignés de la Terre, ne seraient pas visibles, s'ils étaient simplement éclairés par le Soleil, comme la Lune et les planètes. Les étoiles fixes sont donc lumineuses par elles-mêmes; ce sont donc tout autant de soleils pareils au nôtre : la différence d'éloignement est la seule cause de la différence de lumière. Il n'est pas étonnant que placés à une distance de nous, près de laquelle celle du Soleil n'est pas $\frac{1}{2}$ cent-millième, cette multitude d'astres aient un bien moindre éclat que l'astre qui leur ressemble : vu de leurs positions, il paraîtrait lui-même comme une étoile, bien qu'il contienne plus de 8 000 fois autant de matière que toutes les planètes et tous les satellites ensemble.

Pluralité des mondes. Pourquoi tant de soleils, demanderez-vous peut-être? — Pourquoi?....., Et à quoi sert le nôtre, je vous prie? N'a-t-il pas été créé pour éclairer, échauffer, vivifier les corps célestes qui tournent autour de lui. Hé bien! les étoiles fixes, ces innombrables soleils sont destinés sans doute au même office à l'égard de planètes, de satellites et de comètes qui tournent aussi autour de chacun d'eux. Ils sont bien assez écartés les uns des autres pour que ces divers cortèges ne se gênent point; car, à part les comètes, le cercle occupé par le cortège de notre soleil n'a guère plus d'un demi-billion de lieues en diamètre (103).

Tâchez de vous défaire une bonne fois de cette idée étroite, offensante pour la puissance et la grandeur divine, que l'univers est borné à ce qu'en peuvent percevoir vos misérables sens, à ce qu'en peut concevoir votre frêle imagination. L'univers n'a point de bornes : il s'étend à l'infini dans tous les sens, et cet espace incompréhensible fourmille de *mondes*, pareils peut-être au *monde* que nous pouvons contempler, peut-être aussi très-différens de celui-là, mais où, sans aucun doute, naissent, vivent et meurent, comme ici-bas, d'innombrables créatures. Il y aurait de la folie à croire que cet admirable univers, que cette œuvre du Créateur, infinie comme lui-même, que cette immensité qui confond notre faible esprit, existe uniquement pour l'homme.

125. *Scintillation des étoiles.* La lumière des étoiles n'est pas tranquille comme celle de la Lune; elle semble lancée par jets très-courts qui se succèdent avec une grande rapidité; on dirait qu'à chaque instant elle disparaît et reparaît alternativement. Ce phénomène a été nommé *scintillation.* On l'attribue à une sorte de trépidation de l'air, qui parfois fait trembler aussi les rayons du Soleil : de petits globules de vapeur suspendus dans l'atmosphère et continuellement agités, passent et repassent sans cesse devant chaque étoile, en diminuent soudainement la lumière ou l'arrête tout-à-fait, puis presqu'aussitôt la laisse reparaître dans toute sa force. Cette explication s'appuie sur ce que la scintillation est insensible dans les pays où l'air étant très-sec, ne recèle point de globules aqueux suffisamment gros pour intercepter par instants la lumière des étoiles. Ici même, quand le baromètre et l'hygromètre s'accordent à marquer une grande sécheresse, les étoiles situées près de notre zénith, celles dont la lumière ne parcourt qu'environ 25 lieues dans l'atmosphère, ne scintillent point ou scintillent extrêmement peu.

126. *Mouvemens apparens des étoiles.* Vous avez vu (33) que la nutation de l'axe terrestre fait varier la hauteur méridienne de toutes les étoiles. Ces astres paraissent donc se rapprocher ou s'écarter de l'équateur de 18″ en 18 ans. Leurs distances au même plan semblent aussi varier d'une demi-minute en un siècle, par suite de la diminution qu'éprouve l'obliquité de l'écliptique (34). Enfin, la précession des équinoxes fait qu'en apparence les étoiles s'avancent vers l'orient, de 50″ chaque année (42).

Aberration. Il existe un quatrième mouvement qui n'a pas non plus la moindre réalité; ses causes sont la vitesse de la lumière et celle de la Terre sur son orbite.

Je suis avec vous au point A d'une grande route AB (F. 68), et tous deux nous sentons fort bien que le vent vient de C, selon une direction CA perpendiculaire à la route, par exemple. Je reste en A, tandis que vous courez vers B de toute la vitesse d'un bon cheval. Pour moi, le vent souffle toujours perpendiculairement à AB, et il en serait de même, en quelque point de la route que je fusse au repos. Mais, à vous qui galopez, le vent ne paraît plus d'équerre sur AB; sa direction vous semble faire un angle aigu avec cette droite; en un mot, le vent souffle pour vous parallèlement à une ligne DA oblique sur AB, et si vous alliez à la lettre comme le vent, c'est-à-dire si votre vitesse était précisément celle du courant d'air, la nouvelle direction DA serait bissectrice de l'angle BAC. Comme vous allez moins vite, le vent vous paraîtra souffler entre CA et DA, selon D′A; une vitesse supérieure à celle de l'air, vous ferait croire le courant entre DA et BA, selon D''A. D'où proviennent ces effets? de ce que vous choquez l'air dans le sens AB, en même temps qu'il vous choque dans le sens CA: l'impression que vous ressentez, est toute pareille à celle que vous ressentiriez, si vous étiez en repos et que l'air fût poussé à la fois de C vers A, avec sa vîtesse, et de B vers A, avec la vôtre; alors nécessairement, il vous semblerait poussé contre vous, selon D'A, par exemple, avec une vîtesse plus grande qu'aucune des deux autres, mais moindre que leur somme.

Supposez qu'une bille placée en A reçoive à la fois deux coups de queue, l'un selon CA, l'autre selon BA; elle ne suivra ni l'une, ni l'autre de ces directions; elle roulera selon le prolongement de D'A, si le coup de queue CA est plus fort que le coup de queue BA. Dans le cas contraire, elle se rapprocherait plus de AB' que de AC'. Enfin, elle chemine à égale distance de ces deux droites, selon le prolongement de la bissectrice DA, lorsque les deux coups de queue simultanés sont de même force. Ce sont là des faits de mécanique qu'il vous est facile de vérifier.

La conclusion à tirer de tout cela est évidente: Quand nous choquons un corps, en même temps que nous en sommes choqués, le coup qui nous frappe, nous paraît porté selon une direction comprise dans l'angle des deux autres et toujours plus voisine de celle du choc le plus fort que de celle du plus faible.

Notre œil ne se trouve-t-il pas dans des circonstances toutes semblables, lorsqu'il reçoit une particule de lumière émanée d'une étoile? Cette particule vient le heurter avec une vîtesse de 69 844 lieues par seconde (98), et au même moment, il la heurte lui-même, avec la vîtesse qui lui est communiquée par le mouvement annuel de la Terre, avec une vîtesse d'à peu près 7 lieues par seconde. Il en résulte que la direction de l'impression reçue fait un angle avec celle du rayon lumineux et que cet angle est très-petit. Le calcul de sa perpendiculaire apprend en effet qu'il est seulement d'une vingtaine de secondes, dans ses plus grandes ouvertures.

Ainsi, lorsque la Terre arrive au point t de son orbite (F. 69), le rayon Et émané de l'étoile E, nous paraît venir à notre œil dans la direction E't qui fait un angle de 20'' avec Et, et nous rapportons l'astre au point E', au lieu de le voir où il est réellement. Cette altération de la position des corps célestes a été nommée *aberration*, mot qui équivaut à *écartement* : la position apparente E' est en effet écartée de la position vraie E.

Supposons maintenant que la Terre arrive en t'. Notre œil y recevra de l'étoile E, un rayon et' sensiblement parallèle à Et, à cause de l'immense éloignement de l'astre, et sans le phénomène de l'aberration, cet astre nous paraîtrait toujours à la même place E. Mais, ce qui a eu lieu en t, doit avoir lieu en t' et en tout autre point de l'orbite. Le rayon et' nous semblera donc avoir la direction $e't'$; par conséquent, nous verrons encore l'étoile E à 20'' de sa véritable place. Observez pourtant que la nouvelle position e' ne sera point la même que E' : à cause de la courbure de l'arc tt', la droite $e't'$ ne se trouvera pas parallèle à $E't$.

Comme les mêmes effets se renouvellent à chaque instant, pendant que la Terre parcourt l'écliptique, il est clair que l'étoile doit nous paraître décrire autour de sa vraie position E, un petit cercle dont le rayon EE' se voie sous un angle de $20''$. C'est le peu d'ouverture de cet angle qui fait que le changement de position des étoiles n'est guère aperçu que des astronomes.

Mais, la courbe d'aberration ne paraît pas toujours un cercle. Si l'étoile, au lieu de se trouver presque dans l'aplomb du centre de l'écliptique, ainsi que je l'ai supposé, est en un point A moins élevé que E au-dessus du plan de notre orbite, certains diamètres du cercle sont vus alongés, tandis que d'autres conservent leur grandeur : aa' corde de $20''$, devient pour nous $A'A''$; le diamètre perpendiculaire à celui-là reste égal à aa', et le petit cercle incliné prend en perspective la forme d'une ellipse horizontale. Une étoile B située dans le plan même de l'écliptique, nous semble se mouvoir selon une droite $B'B''$, tantôt dans un sens, tantôt dans le sens opposé, parce qu'il n'y a plus de changemens de position dans le sens $b'b''$, attendu qu'en t les directions des chocs se confondent.

Les partisans de l'immobilité de la Terre ont tenté bien des fois d'expliquer ces mouvemens apparens des étoiles; leurs efforts ont toujours été vains. Vous voyez au contraire que les plus simples principes de la Mécanique et de la Géométrie, combinés avec la vitesse de la lumière et celle de notre globe sur l'écliptique, rendent parfaitement raison des phénomènes observés. Ces phénomènes, ces petits mouvemens si divers des étoiles sont donc autant de preuves du mouvement annuel de la Terre.

L'aberration affecte aussi les planètes, les satellites et les comètes, mais comme ces astres ne sont point fixes, elle n'a pas pour effet de leur faire décrire en apparence de petits cercles ou de petites ellipses ou de courtes droites. Les courbes qu'elle produit sont en général des épicycloïdes analogues à celle qu'engendre le centre de la Lune (66). Il faut avoir égard à ces courbes, lorsqu'on veut déterminer la vraie position d'un astre qui parcourt une orbite.

127. *Mouvemens réels des étoiles.* La fixité de certaines étoiles n'est point parfaite; elles ont un mouvement réel, mais fort lent, qui les rapproche du plan de l'écliptique. *Sirius* ou le *Grand-Chien*, par exemple, s'abaisse d'environ $2'\frac{1}{4}$ par siècle. Une seule étoile s'abaisse d'un peu plus, dans le même temps; les autres éprouvent un moindre dérangement de position ou n'en éprouvent pas du tout. Ce mouvement propre de quelques-unes des fixes, ne peut-être attribué qu'aux attractions des divers soleils les uns sur les autres et à l'impulsion que tous ont primitivement reçue. Il faut bien en effet que le nôtre ait éprouvé l'action d'une force dirigée entre le centre et la surface, puisqu'il a une rotation (31). Il doit en avoir été de même pour les étoiles, puisque ce sont des astres analogues au Soleil. Par conséquent, l'univers ou l'ensemble des soleils et de leurs cortéges tourne nécessairement sur lui-même.

128. *Classement des étoiles.* Afin de se reconnaître parmi les étoiles visibles, on en a formé 100 groupes ou *constellations* qui portent chacune le nom de l'animal ou de l'objet que rappelle le plus lé polygone des lignes de jonction. Les étoiles d'une même constellation sont distinguées par des lettres grecques.

Vous verrez aussi, sur les globes ou sur les cartes célestes, un numéro placé près de chaque étoile : il indique la grandeur relative de l'astre. Il y a 12 classes de grandeur. Les étoiles des 6 premières sont toutes visibles à l'œil nu ; celles des 6 dernières ne peuvent être aperçues qu'au moyen de télescopes plus ou moins forts. On compte seulement 24 étoiles de première grandeur ; il est évident que celles-là sont les plus voisines de la Terre ; on en voit 13, dans nos contrées.

Sirius. La plus belle de toutes les étoiles de première grandeur est Sirius : son éclat est presque égal à celui de la planète Vénus. Bien que cette étoile soit souvent appelée le *Grand-Chien*, elle n'est pourtant qu'une partie de la constellation de ce nom ; elle forme la gueule de l'animal.

C'est à l'époque où le Soleil se lève avec Sirius, que commencent les *jours caniculaires* ou la *canicule.* Cette partie de l'année, dans laquelle la température est ordinairement le plus élevée, comprend 31 jours, du 24 juillet au 23 août.

Étoile polaire. La plus remarquable des étoiles de 2ᵉ grandeur est l'étoile polaire (11). Le pôle céleste p (F. 70) se trouve entre cet astre e et l'étoile d où commence la queue de la Grande-Ourse (F. 9). La distance pd (F. 70) vaut environ quatre fois la distance pe.

Au mois de juillet 1751, les deux étoiles e, d passaient ensemble dans le méridien pm ; mais, comme la dernière avance sur la première de 1' 13'',5 par dixaine d'années, elle passe 9' 55'',35 plus tôt que l'étoile polaire, en 1832. Ainsi, quand l'étoile d se trouve dans le méridien pm, l'étoile e en est encore à 9' 55'',35 de temps. Ces notions sont importantes ; elles servent à déterminer exactement la ligne nord-sud, méridienne d'un lieu. Je vous ferai connaître le procédé dans le chapitre des cadrans solaires.

129. *Étoiles changeantes.* Certaines étoiles n'ont pas toujours le même éclat : les unes sont faibles et très-brillantes périodiquement ; les autres s'affaiblissent jusqu'à cesser d'être visibles et ne reparaissent qu'au bout d'un certain temps. Ces étoiles *changeantes* ont probablement de grandes taches et une rotation comme notre Soleil. Quelques-unes de leurs disparitions peuvent être attribuées aussi à des éclipses causées par les planètes qui tournent autour de ces astres.

130. *Étoiles éteintes.* Mais, comment expliquer l'apparition subite de nouvelles étoiles, et leur extinction définitive, après qu'elles ont eu brillé pendant quelques mois? Ces étonnans phénomènes furent remarqués, pour la première fois, il y a 2 000 ans environ. Ils ne se sont plus renouvelés, du moins que l'on sache, qu'en 1592 et 1604. A la première de ces époques, le 8 novembre, on découvrit vers le nord un astre qui n'y avait jamais été vu. En peu de temps, il devint plus brillant que les plus belles étoiles, presqu'aussi brillant que Vénus dans son opposition; il était visible même en plein jour. Mais bientôt cet éclat s'affaiblit, et au bout de 18 mois, l'astre nouveau disparut pour toujours.

En 1604, le 29 septembre, une petite étoile nouvelle se montra vers le midi. Le lendemain sa lumière surpassait celle de Jupiter; mais elle s'affaiblit bientôt aussi, et à peine 16 mois écoulés, on ne vit plus rien.

Comme ces astres éphémères sont constamment restés à la même place, pendant toute la durée de leur éclat, on ne peut guère se refuser à les regarder comme des étoiles fixes qu'une cause quelconque a rendues brillantes ou plus brillantes temporairement. A la vérité, cette manière de voir conduit à admettre que dans les cieux existent des corps qui ne se trouvent plus ou qui peut-être ne se sont jamais trouvés dans les circonstances nécessaires, soit pour que leur lumière nous parvienne, soit même pour devenir lumineux. Mais, l'univers est si vaste, la nature si variée, la puissance divine si grande, que l'existence de tels corps n'a rien d'absolument impossible.

N'allez pas, pour expliquer la courte apparition des étoiles éteintes, supposer, comme on le faisait autrefois, que d'immenses incendies ont eu lieu accidentellement sur des astres qui d'ordinaire ne sont pas visibles à cause de leur grand éloignement. Une pareille hypothèse ne serait fondée sur rien, et d'ailleurs elle n'est pas indispensable. On sait aujourd'hui qu'une très-forte lumière peut être produite sans combustion. Placez deux charbons sous une cloche privée d'air, à une très-petite distance l'un de l'autre, et mettez chacun de ces charbons en communication avec l'une des extrémités de la pile voltaïque; vous les verrez sur-le-champ devenir lumineux au point que vous ne pourrez soutenir leur éclat ni le comparer à autre chose qu'à la lumière du Soleil, et cependant ils ne se comburent point, puisqu'ils ne sont pas entourés d'air. C'est là un effet purement électrique. Pourquoi la même cause ou toute autre ne produirait-elle pas un effet analogue sur certains corps célestes? On ne saurait alléguer aucun motif raisonnable.

CALENDRIER.

131. *Unités de temps.* Il a fallu pour apprécier le temps déjà
écoulé et celui qui s'écoulera, adopter plusieurs unités qui permissent d'exprimer par des nombres simples les petites et les grandes
durées. Ainsi, la tierce donne l'idée d'un instant inapréciable, la
seconde est un instant 60 fois plus long, la minute se compose de
60 secondes, l'heure renferme 60 minutes, 24 heures forment le
jour moyen ou la durée moyenne d'une rotation de la Terre (49),
365 jours donnent l'année ordinaire qui diffère peu du temps de
notre révolution autour du Soleil, et 100 années composent le
siècle. Il existe encore deux autres unités de temps, dont nous
allons nous occuper tout à l'heure.

Les noms, les valeurs, la correspondance de toutes les unités de
temps disposées en tableau, forment ce qu'on appelle le *calendrier.*
Ce mot vient de ce que, chez les romains, le premier jour de chaque
mois, nommé *calendes,* écrit en plus gros caractères que les autres,
était le plus apparent du tableau.

Semaine. Les premiers hommes ont dû de bonne heure régler
leurs occupations et mesurer le temps, au moyen de ceux des phénomènes célestes qui se succédaient dans un ordre invariable, et
dont la durée était toujours sensiblement la même, appréciée d'après
le travail qu'elle permettait de faire ou comparée à une autre durée
déjà estimée constante. Ces phénomènes étaient pour les individus
réunis dans le même lieu, des indices faciles, exacts, et des signaux
frappans pour les familles que de grandes distances séparaient. Le
jour solaire a donc été la première unité de temps. Mais il eut
été incommode de compter uniquement par jours; le nombre de
jours écoulés n'eût pas tardé à devenir trop grand pour être retenu
ou exprimé brièvement. On employa bientôt les quatre phases principales de la Lune, qui durent chacune à peu près 7 jours, et c'est
très-probablement de leur usage que vient notre semaine.

Mois. Ensuite fut reconnue la nécessité de distinguer les phases
semblables d'époques différentes, et naturellement on compta par
lunes ou lunaisons (62). De là les douze mois de notre année, composés chacun d'environ quatre semaines.

Mais, les mois lunaires formaient une fausse division de l'année
solaire, puisqu'elle n'en contient pas un nombre exact, et cependant
il était nécessaire de régler les années sur le retour du Soleil à la
même hauteur méridienne ou à l'un des équinoxes (41), puisque
c'est de ce retour que dépendent partout les saisons. Ce désaccord
entre l'année et ses parties principales dut jeter d'abord une grande
confusion dans la supputation des temps et dans le calendrier. On
le corrigea graduellement sur ce point, en abandonnant les lunaisons et adoptant des mois conventionnels d'une plus grande durée.
Ils sont aujourd'hui de 30 et de 31 jours, à l'exception de février
qui n'en a ordinairement que 28.

Il est toujours facile de reconnaître, sans almanach, si tel mois a ou n'a pas 31 jours. Pliez un des doigts extrêmes de la main gauche, le pouce par exemple. Promenez ensuite un des doigts de la main droite successivement sur les 4 doigts restans de la gauche et sur leurs intervalles, et dites *janvier* en touchant le premier des 4 doigts, *février* sur l'intervalle du 1er au 2e, *mars* sur le 2e doigt, *avril* sur le 2e intervalle, *mai* sur le 3e doigt, *juin* sur le 3e intervalle, *juillet* sur le 4e doigt. Arrivés là, recommencez en disant *août* sur le 1er doigt, *septembre* sur le 1er intervalle, *octobre* sur le 2e doigt, *novembre* sur le 2e intervalle, et enfin *décembre* sur le 3e doigt. Vous nommez ainsi les 12 mois de l'année, dans l'ordre où ils se succèdent ; tous ceux qui se trouvent correspondre à un doigt, ont 31 jours ; ceux qui répondent à un intervalle, en ont 30, excepté février qui en renferme tantôt 28 et tantôt 29.

132. *Années bissextiles.* Il y a donc 7 mois de 31 jours chacun qui forment ensemble 217 jours, 4 mois de 30 jours qui comprennent 120 jours, un mois qui a ordinairement 28 jours, et les 12 mois font bien les 365 jours de l'année. Mais cette année *civile* est plus courte que l'année solaire (43) ; elle en diffère de 5^h 48' 48" ; et si l'on n'eût pas tenu compte d'une telle différence, bientôt les saisons ne seraient plus revenues aux mêmes époques du calendrier. Pour prévenir ce grave inconvénient, on est convenu que de 4 ans en 4 ans, un jour serait ajouté au mois de février ; de sorte que dans chaque quatrième année ce mois a 29 jours au lieu de 28.

Autrefois, les romains ajoutaient le 366e jour après le 23 de février, après le 6e des jours qui précédaient les calendes de mars. Ces calendes avaient donc deux sixièmes jours (131), car par rapport à ces époques, on comptait en retrogradant ; ou bien le 6e jour était écrit deux fois sur le calendrier. On l'appelait pour cela le *bissexte*, et l'année où il était nécessaire, prenait le nom de *bissextile*. Nous avons conservé cette dernière dénomination, bien qu'à présent le 366e jour s'ajoute à la fin de février et ne soit plus un bissexte ; tous les 4 ans donc, nous comptons aussi une année bissextile de 366 jours.

Mais, ajouter un jour ou 24 heures par 4 années, c'est ajouter 6^h à chacune, et l'on ne devrait l'augmenter que de 5^h 48' 48". C'est donc 11' 12" de trop. Pour tenir compte de cet excès, qui produit 1120' par siècle et 10080' en 9 siècles, il faudrait retrancher 7 jours en 900 ans, car un jour de 24^h contient 1440' et 7 fois 1440 font précisément 10080. Or, on retranche seulement 6 jours sur 800 ans, et cela en s'abstenant de faire bissextile trois années séculaires sur 4 : l'année séculaire est la dernière du siècle et devrait être bissextile, puisque 100 est un multiple de 4. Ainsi, au lieu de retrancher $\frac{7}{9}$ de jour par siècle, on ne retranche que $\frac{6}{8}$ ou $\frac{3}{4}$; il reste donc un excès de $\frac{1}{36}$, et par conséquent, il y aura un jour de trop, au bout de 36 siècles ou de 3600 ans. C'est là une erreur, fort petite et de peu d'importance pour les générations humaines qui durent si peu ; elle ne mérite pas qu'à l'effet de la détruire, on altère la simplicité du calcul des années bissextiles.

Voici la règle à suivre : Divisez par 4 le millésime de l'année, c'est-à-dire le nombre qui en marque le rang. Si la division ne donne aucun reste, l'année aura 366 jours ou sera bissextile ; si vous trouvez un reste, l'année n'aura que 365 jours. Quand il s'agit d'années séculaires, il faut employer pour diviseur 400 au lieu de 4, ou bien séparer deux zéros et voir si le nombre ainsi réduit peut être exactement divisé par 4. L'année 1832 est bissextile, parce que vous pouvez prendre exactement le quart du millésime 1832. Les années 1833, 1834, 1835 ne le seront pas, attendu que ces millésimes ne sont point divisibles par 4. L'année séculaire 1600 a été bissextile, puisque 16 est divisible par 4. Les suivantes 1700, 1800 ne l'ont pas été et 1900 ne le sera pas, puisque 17, 18, 19 ne sont point divisibles par 4 ; mais l'année séculaire 2000 aura 366 jours.

133. *Comput ecclésiastique.* Le calendrier présente différens nombres placés sous différentes dénominations qui ont pour titre commun les mots *comput ecclésiastique*. Le premier de ces mots signifie *supputation* des temps. On y a joint le dernier, parce que le comput était fait uniquement pour l'église qui seule autrefois était instruite. Je vais vous expliquer successivement les divers articles du comput, afin que vous ne restiez pas ignorans de choses qui reviennent chaque année sous les yeux et dont on parle assez souvent.

134. *Nombre d'or.* Les anciens peuples crurent qu'en 19 années solaires, il y avait exactement 235 lunaisons, et ils trouvèrent ce rapport si remarquable qu'ils l'inscrivirent en caractères d'or sur une table de marbre. De là le nom de *nombre d'or,* donné depuis au nombre qui marque où en est la période de 19 ans. Cette période n'est pas absolument rigoureuse ; mais si l'on tient compte des années bissextiles, on trouve qu'à compter 235 mois lunaires pour 19 ans, il y a seulement une erreur d'un jour au bout de 312 ans. Aussi admettons-nous comme les anciens, que les jours des nouvelles lunes sont dans chaque année les mêmes qu'ils étaient 19 ans auparavant. La période commence ou le nombre d'or est 1, quand une nouvelle lune tombe le 1er janvier. L'année suivante, le nombre d'or est 2, mais il y a déjà 11 jours d'écoulés depuis la 13e nouvelle lune (66), et c'est seulement quand le nombre d'or est encore 1 ou quand la période recommence, que la nouvelle lune arrive de nouveau le 1er janvier. Dans la 21e année qui suit, le nombre d'or redevient 2, et depuis 11 jours la lune se retrouve nouvelle pour la 13e fois.

La période de 19 ans qu'on appelle aussi *cycle lunaire*, a recommencé un an avant la venue de Jésus-Christ. Il s'ensuit qu'elle a fini l'an 18 et que le nombre d'or était 1 pour l'an 19; il s'ensuit encore que pour trouver le nombre d'or correspondant à une année quelconque, il faut ajouter 1 au millésime, diviser la somme par 19 et prendre le reste. Lorsque ce reste est nul, le nombre d'or est 19 et le cycle lunaire est terminé. Faisons l'opération pour l'année actuelle 1832. Nous aurons 1833 en ajoutant 1, et un reste 9 en divisant 1833 par 19. Le nombre d'or de cette année est donc 9. Par conséquent, il y a 8 ans que la lune était nouvelle le 1er janvier, et ce fait se renouvellera dans 11 ans, en 1843.

135. *Epacte.* Puisque la lune n'est nouvelle le 1er janvier que tous les 19 ans et qu'elle avance dans les années suivantes, elle a, comme on dit, un *âge*, quand chaque année commence. Cet âge de la lune au 1er janvier a été nommé *épacte*, d'un mot grec qui signifie *j'ajoute*, parce que, pour former l'année civile, il faut ajouter à 12 mois lunaires, l'âge ou le nombre de jours écoulés depuis la 13e nouvelle lune.

Pour la première année du cycle lunaire, l'âge de la lune est nul, attendu que la conjonction a lieu précisément le 1er janvier; mais on peut dire aussi qu'il est de 29^j 12^h 44′ 3″ ou 30 en nombre rond, car 30 jours auparavant il y avait aussi conjonction. Lorsque le nombre d'or est 2, l'épacte est 11, et lorsqu'il est 3, l'épacte est 22, puisque la lune avance de 11 jours chaque année. Toutefois, au nombre d'or 4 ne correspond pas une épacte 33 : du 29e au 30e jour de décembre s'est alors accompli une lunaison et une autre a commencé, de sorte que la lune n'a réellement que 3 jours le 1er janvier.

De là vient la règle suivante pour trouver l'épacte d'une année : A l'épacte de l'année précédente ajoutez 11^j, puis retranchez 30^j de la somme, si faire se peut; le reste sera l'épacte cherchée. Ce serait la somme elle-même, dans le cas où vous ne pourriez pas ôter 30^j.

Lorsque vous ne connaîtrez pas l'épacte précédente, vous calculerez le nombre d'or de l'année et le diminuerez de 1; le reste sera le nombre de fois que la Lune aura avancé de 11 jours. Multipliez donc 11^j par ce reste, vous aurez le total des jours d'avance. Divisez ce total par 30, pour en retrancher ce nombre de jours autant qu'il est possible, ou pour retrancher toutes les lunaisons complètes; le reste de la division donnera évidemment l'épacte cherchée.

Appliquons les deux règles à l'année 1832. Par la première, nous trouverons que l'épacte de cette année est 28, sachant que celle de 1831 était 17. Par la seconde règle, nous trouverons aussi 28. En effet, le nombre d'or de 1832 est 9; ce nombre diminué de 1 et multiplié alors par 11 donne 88, et 88 divisé par 30, laisse 28 pour reste. Vous verriez de même que l'épacte de 1831 était

réellement 17, car le nombre d'or de cette année était 8, et
$$\frac{(8-1)\times 11}{30} = \frac{77}{30} = 2 + \frac{17}{30}.$$

Les règles précédentes ne seront justes que jusqu'à la fin du 19ᵉ
siècle, attendu que l'année séculaire 1900 ne sera point bissextile,
que le commencement de 1901 avancera d'un jour et que l'âge de
la lune diminuera d'autant; mais pour corriger l'épacte trouvée au
moyen de ces règles, il suffira de la diminuer d'une unité.

L'épacte sert à déterminer le jour de Pâques. Vous concevez
en effet que connaissant l'âge de la lune au 1ᵉʳ janvier, on peut,
en comptant les lunaisons, trouver le quantième de la pleine lune
qui suit le 20 mars; or, la fête de Pâques doit être célébrée le dimanche qui vient ensuite.

136. *Cycle solaire.* Si l'année civile était de 364ʲ, elle contiendrait exactement 52 semaines, et il y aurait correspondance constante entre les jours de la semaine et les quantièmes des mois :
toutes les années commenceraient, par exemple, le dimanche et
finiraient le samedi; le premier de chaque mois tomberait continuellement le même jour; cela aurait lieu aussi pour le dernier du mois
et pour tous les autres quantièmes. Ainsi, dans la supposition que
le 1ᵉʳ jour de janvier fût constamment un dimanche, février continuant d'avoir seulement 28 jours, commencerait sans cesse au
mercredi et finirait au mardi; mars ayant 31 jours, commencerait
par un mercredi et finirait par un vendredi; août n'aurait que 30 jours
et se terminerait par un mercredi, ayant commencé au mardi.

Mais, de ce que l'année est de 365 jours, il suit que commençant
par un dimanche, elle doit finir par un autre dimanche, que la suivante ou 2ᵉ commencera par un lundi, la 3ᵉ par un mardi et la 4ᵉ par
un mercredi. La 5ᵉ commencerait par un jeudi, et les 7 jours de
la semaine formeraient ainsi successivement le premier jour de l'an,
si les bissextiles ne venaient point troubler cet ordre. Or, à cause
du jour ajouté à la 4ᵉ année, la 5ᵉ commencera par un vendredi;
le *jeudi* ne tombera pas cette fois au 1ᵉʳ jour de l'an; il sera le 31
décembre; la 6ᵉ année commencera par un samedi, et alors sera
terminé le 1ᵉʳ tour des jours de la semaine pour commencer l'année.

Le 2ᵉ tour aussi durera 6 ans; mais cette fois, c'est le *mardi* qui
ne fera point le 1ᵉʳ de l'an, parce que la 7ᵉ année aura commencé
par un dimanche, la 8ᵉ par un lundi, et que cette 8ᵉ était bissextile. Le 3ᵉ tour qui ne durera que 5 ans, sera ouvert par le
lundi; le *dimanche* et le *vendredi* se trouveront rejetés à des 31
décembre. Dans le 4ᵉ tour comprenant 6 ans, c'est le *mercredi*
qui sera rejeté. Le rejet portera sur le *lundi* et le *samedi*, dans le 5ᵉ
tour qui prendra 5 ans. Enfin, le 6ᵉ tour tout-à-fait semblable au
premier, durera 6 ans, commencera par le dimanche et rejettera
le *jeudi*. Voici au reste, pour rendre cette marche plus claire, un
tableau où la 1ʳᵉ des années que l'on considère, est supposée aussi

commencer par le dimanche et suivre une bissextile. Les bissextiles y sont marquées de la lettre B.

TOURS.	ANNÉES.	1ᵉʳ DE L'AN.	TOURS.	ANNÉES.	1ᵉʳ DE L'AN.	TOURS.	ANNÉES.	1ᵉʳ DE L'AN.
	1	Dimanche.			*Dimanche.*		24 B	Dimanche.
	2	Lundi.		13	Lundi.			*Lundi.*
	3	Mardi.		14	Mardi.		25	Mardi.
1	4 B	Mercredi.	3	15	Mercredi.	5	26	Mercredi.
		Jeudi.		16 B	Jeudi.		27	Jeudi.
	5	Vendredi.			*Vendredi.*		28 B	Vendredi.
	6	Samedi.		17	Samedi.			*Samedi.*
	7	Dimanche.		18	Dimanche.		29	Dimanche.
	8 B	Lundi.		19	Lundi		30	Lundi.
		Mardi.		20 B	Mardi.		31	Mardi.
2	9	Mercredi.	4		*Mercredi.*	6	32 B	Mercredi.
	10	Jeudi.		21	Jeudi.			*Jeudi.*
	11	Vendredi.		22	Vendredi.		33	Vendredi.
	12 B	Samedi.		23	Samedi.		34	Samedi.

Ainsi, les bissextiles empêchent la régularité des tours, en privant successivement de la première place dans l'année, chacun des sept jours de la semaine. Mais, au bout de 28 ans qui comprennent sept bissextiles, les jours rejetés au 31 décembre reviennent dans le même ordre; les tours se font absolument de la même manière; les premiers de l'an tombent respectivement, dans les cinq tours suivans, aux mêmes jours que dans les cinq tours terminés; par suite, les autres quantièmes des mois correspondent de nouveau aux mêmes jours de la semaine; enfin, tout ce qui a eu lieu pendant ces 28 ans, se reproduit exactement dans les 28 années suivantes.

La période de 28 ans qui ramène l'ordre de correspondance des jours et des quantièmes, a été nommée *Cycle solaire :* le premier mot signifie *cercle ;* le second y est joint pour exprimer, non pas que le cycle est relatif au Soleil, mais bien qu'il se rapporte au dimanche, jour marquant de la semaine et autrefois consacré à l'astre qui vivifie la nature.

On compte les cycles solaires à partir de celui qui renferme *l'ère chrétienne,* c'est-à-dire le moment d'où nous comptons les années, la circoncision de Jésus-Christ. Comme le jour de cet acte correspondait à notre samedi, la première de nos 1832 années a commencé par le dernier jour de la semaine. Or, on voulut que la 1ʳᵉ année du 1ᵉʳ cycle commençât par un lundi, 1ᵉʳ jour de la semaine; il fallut pour cela faire remonter l'origine des cycles au de là de notre ère, et la fixer à la 9ᵉ des années précédentes. En effet, puisque l'an 4 après la circoncision a été bissextile (132), la dernière des 9 années antérieures à cet événement l'était aussi et commençait par un jeudi ; la 5e l'était également et commençait par un samedi ; la 1re devait donc avoir 366j et commencer par un lundi. C'est ce que vous verrez clairement en remontant le tableau des 13 premières années du 1er cycle solaire.

ANNÉES du cycle.	1er DE L'AN.	ANNÉES du cycle.	1er DE L'AN.	ANNÉES APRÈS L'ÈRE.
1 B	Lundi.	7	Mardi.	
	Mardi.	8	Mercredi.	
2	Mercredi.	9 B	Jeudi.	
3	Jeudi.		*Vendredi.*	
4	Vendredi.	10	Samedi.	Ere ou 1
5 B	Samedi.	11	Dimanche.	2
	Dimanche.	12	Lundi.	3
6	Lundi.	13 B	Mardi.	4

Ainsi, la première année de l'ère chrétienne est la 10e du 1er cycle solaire. Il s'ensuit que pour avoir le temps qui s'est écoulé depuis le commencement de ce cycle, il faut ajouter 9 au millésime de l'année. Divisant ce temps par 28, on trouve pour quotient le nombre des cycles révolus, et pour reste le numéro de l'année dans le cycle non terminé. C'est ce numéro qui est placé dans les calendriers, vis-à-vis des mots *cycle solaire*.

Si vous appliquez la règle précédente à l'année 1832, vous aurez $\frac{1832 + 9}{28} = \frac{1841}{28} = 65 + \frac{21}{28}$, ce qui apprend que nous sommes dans la 21e année du 66e cycle solaire. Avec cette donnée et sachant que l'année bissextile 1832 a commencé par un dimanche, on peut former, sur le modèle de la page 114, le tableau du cycle actuel et trouver les jours par lesquels ont commencé les années précédentes où commenceront les années suivantes.

157. *Lettres dominicales.* Il y a des calendriers qui ne présentent point les noms des jours, afin qu'ils puissent servir pour toutes les années ; on les nomme *calendriers perpétuels*. Les semaines y sont marquées et divisées par sept lettres A, B, C, D, E, F, G répétées dans un ordre constant et autant qu'il est nécessaire. La lettre A répond toujours au 1er janvier, B au 2, C au 3 et ainsi de suite ; mais ce n'est pas constamment la même lettre qui indique le dimanche ou la fin de la semaine. Dans la première année du 1er cycle qui commença par un lundi, A aurait répondu à ce lundi et par conséquent G aurait donné le dimanche. Dans la deuxième qui commença par un mercredi, c'eût été la lettre E qui eût marqué le dimanche. Dans la troisième, le même jour aurait eu la lettre D, et ainsi de suite, selon un ordre rétrograde. C'est pour cela que les sept lettres, nommées *dominicales* parce qu'elles désignent tour à tour le dimanche, sont énoncées dans un ordre inverse de l'ordre alphabétique : on dit ordinairement que les lettres dominicales sont G, F, E, D, C, B, A.

Pour qu'un calendrier soit vraiment perpétuel, il faut que les mêmes lettres répondent constamment aux mêmes quantièmes dans chaque mois. Lors donc que l'année est bissextile, le 1er mars doit avoir la lettre D qu'il reçoit pour une année ordinaire. Or, il n'en peut être ainsi, à moins que le 29 février ne soit marqué d'aucune lettre. C'est ce qui a lieu ; mais il en résulte que le D du 1er mars avance d'un jour dans les années bissextiles, que toutes les autres lettres en font autant, et que les dimanches passent à la lettre qui suit la dominicale de janvier et février. Il y a donc deux lettres dominicales dans les bissextiles : l'une sert pour les deux premiers mois, l'autre pour les dix derniers.

S'il n'y avait pas de bissextiles, les sept lettres marqueraient le dimanche chacune à son tour dans un cercle de sept ans, de même que les sept jours de la semaine commenceraient l'année successivement. Si le calendrier n'eût éprouvé aucun changement, la première année de chaque cycle aurait G pour dominicale, comme celle du 1er cycle. Par conséquent, il suffirait pour trouver la dominicale d'une année, de diviser par 7, le numéro de cette année dans le cycle. Le quotient donnerait le nombre des tours qu'auraient fait les sept lettres comme dominicales, le reste indiquerait le rang de la dominicale cherchée, et pour la déterminer, il n'y aurait plus qu'à compter en partant de G, dans l'ordre inverse G, F, E, D, C, B, A.

Lorsque l'on connaît le nombre des bissextiles qui ont eu lieu depuis le commencement du cycle, il est facile de modifier la règle de manière à la rendre exacte, car il ne s'agit que d'ajouter au numéro de l'année dans le cycle, autant d'unités qu'il y a eu de bissextiles, puisque ce numéro exprime le nombre des dominicales employées depuis la 1re année, et que chaque bissextile en exige une de plus.

Maintenant, à quoi oblige la réforme du calendrier ? Elle fut opérée en 1582 par le pape Grégoire XIII, pour rétablir la concordance de l'année civile et de l'année solaire. Dix jours qu'on trouva de trop furent retranchés ; la dominicale avança donc de 11 rangs dans le cercle, et comme elle était G, elle devint C. Ce changement revient au fond à la suppression des 3 lettres F, E, D, et par suite, la règle fait compter aujourd'hui 3 dominicales de trop.

En outre, les années séculaires 1700, 1800 n'ont pas été bissextiles, et la règle ne tient nul compte non plus de cette autre suppression de 2 jours ou de 2 lettres, puisqu'elle prescrit, pour un cycle quelconque, d'ajouter autant d'unités qu'il y a de bissextiles passées. Elle fait donc compter, par cette raison, 2 autres dominicales de trop. Le nombre total à retrancher du reste de la division est donc 5. Après l'année 1900, il sera 6.

Comme il y aurait des cas où la petitesse du reste ne permettrait pas d'opérer la soustraction, il vaut mieux la faire sur le dividende. Si ce nombre est trop faible aussi, on y ajoute 7 ou un multiple quelconque de 7, ce qui ne peut nullement influer sur le reste.

Cela posé, voici la règle à suivre aujourd'hui pour trouver la lettre dominicale d'une année : Cherchez le numéro de cette année dans le cycle solaire ; ajoutez-y le nombre des bissextiles qui ont eu lieu depuis le commencement de ce cycle, jusqu'à l'époque dont il s'agit, inclusivement ; retranchez 5 de la somme et divisez la différence par 7. Le reste de la division indiquera le rang de la dominicale parmi les 7 lettres prises dans l'ordre inverse.

Avant d'en venir aux applications, il faut apprendre encore à trouver le nombre des années bissextiles contenues dans une partie quelconque du cycle. Rien n'est plus facile : Otez du millésime le numéro de l'année diminué de 1, vous aurez le millésime de la première année du cycle ; retranchez-le de l'autre et prenez le quart du reste. La partie entière de ce quart vous apprendra le nombre des bissextiles écoulées depuis la première année, et si cette année est elle-même bissextile, vous ajouterez 1 au résultat.

Voulez-vous maintenant savoir quelle a été la dominicale de l'année 1823 ? Vous ferez le calcul comme il suit : 1°, $\dfrac{1823+9}{28}=\dfrac{1832}{28}=65+\frac{12}{28}$; donc, 1823 est la 12ᵉ année du cycle actuel. 2°, $1823-11=1812$; donc, 1812 est la 1ʳᵉ année de ce cycle. 3°, $\dfrac{1823-1812}{4}=\frac{11}{4}=2$; donc, il y a eu 2 bissextiles entre la 1ʳᵉ année du cycle et la 12ᵉ. Mais la 1ʳᵉ année 1812 est elle-même bissextile ; par conséquent, c'est 3 bissextiles qu'il faut compter. 4°, $\dfrac{12+3-5}{7}=\frac{10}{7}=1+\frac{3}{7}$; donc, 3 est le rang de la dominicale cherchée ; donc enfin, cette lettre est E.

Déterminons encore la dominicale de l'année actuelle 1832 qui est aussi bissextile. Nous savons qu'elle a 21 pour numéro dans le cycle. Comme $\dfrac{1832-1812}{4}=\frac{20}{4}=5$, il y a eu 5 bissextiles intermédiaires ; c'est donc 6 qu'il faut ajouter. En conséqence, nous avons $\dfrac{21+6-5}{7}=\frac{22}{7}=3+\frac{1}{7}$, et nous voyons que la 1ʳᵉ lettre G est la dominicale de 1832. Mais, toute année bissextile a deux dominicales, et G est celle des 10 derniers mois, puisque nous avons tenu compte de la bissextilité de 1832 ; par conséquent, A a été la lettre de janvier et de février, car immédiatement avant G se trouve A, dans le cercle des lettres par ordre inverse.

Soit encore à trouver la dominicale de 1814, 3ᵉ du cycle. Il n'y a point de bissextile intermédiaire. Nous ajouterons donc une seule unité à 3, pour tenir compte de la bissextilité de 1812, 1re du cycle, et comme 5 ne peut être retranché de 4, nous augmenterons de 7 ce dernier nombre. Cela donnera 11 qui, diminué de 5, deviendra 6; et ce 6 exprimera le rang de la dominicale, puisque la division par 7 ne peut s'effectuer. Par conséquent, la lettre cherchée est B.

138. *Indiction romaine.* De même que nous avons compté et que nous comptons encore assez souvent par périodes de 5 ans, nommées *lustres*, les romains comptaient par périodes de 15 années qu'ils appelaient *indictions*. La première année de notre ère était la 4e de la 1re indiction. Si donc vous voulez connaître dans quelle indiction se trouve une année et le rang qu'elle y occupe, il faut ajouter 3 au millésime et diviser la somme par 15. Le quotient sera le numéro de l'indiction précédente, et le reste marquera le rang de l'année. Vous trouverez ainsi que nous sommes dans la 5e année de la 123e indiction, car vous aurez $\dfrac{1832+3}{15} = \dfrac{1835}{15} = 122 + \frac{5}{15}$.

139. *Période julienne.* Les nations n'ont pas toutes la même ère; elles ne peuvent donc donner la même date à un évènement, et de là résulte une assez grande confusion dans l'histoire. L'ère chrétienne est de beaucoup postérieure à celles des anciens peuples, et nous sommes obligés de distinguer les temps qui l'ont précédée de ceux qui l'ont suivie, ce qui cause quelque difficulté dans la détermination des époques. C'est afin de faire disparaître ces inconvéniens qu'on imagina d'embrasser tous les temps connus, par une grande période, de distinguer les années par les rangs qu'elles y occuperaient et de rapporter tous les faits historiques à ces nouvelles dates. Cette période propre à tous les peuples, fut formée du produit de trois autres: celle des nombres d'or, le cycle solaire et l'indiction romaine. Elle comprend donc autant d'années que l'exprime le produit $19 \times 28 \times 15$ ou 7980; ces 7980 années renferment 15 fois 28 cycles lunaires, 15 fois 19 cycles solaires et 19 fois 28 indictions.

La dernière année de la période julienne est la seule qui contienne ainsi un nombre exact de cycles et d'indictions; toute autre donne un reste, quand on divise par 19 ou par 28 ou par 15, le nombre qui en marque le rang, et ces restes sont toujours différens de ceux que fournit une autre année quelconque. Comme le reste de la division par 19 indique le rang de l'année dans le cycle lunaire (134) et que les deux autres restes marquent les rangs occupés dans le cycle solaire et l'indiction (136 et 138), il suffit de connaître ces trois rangs, pour déterminer celui qu'une année occupe dans la période julienne. On a trouvé, par exemple, que la première année de l'ère chrétienne qui était la 2.ᵉ du cycle lunaire d'alors, la 10ᵉ du cycle solaire et la 4ᵉ de l'indiction romaine, est la 4714ᵉ de la période julienne actuelle (*).

(*) Soit a une année quelconque de la période julienne. Pour qu'elle contienne un nombre exact de cycles, il faut qu'on ait $a = 19p$, $a = 28q$, $a = 15r$, p, q, r étant des nombres entiers indéterminés. Ces nombres sont donc liés par les relations $\frac{p}{q} = \frac{28}{19}$, $\frac{p}{r} = \frac{15}{19}$. Comme 28, 19 et 15 sont premiers entre eux, on doit avoir $p = 28m$, $q = 19m$, $p = 15n$, $r = 19n$, m et n étant des multiplicateurs entiers quelconques. Donc, $28m = 15n$, $\frac{m}{n} = \frac{15}{28}$, et pour la raison précédente $m = 15k$, $n = 28k$, k étant aussi un nombre entier. Il en résulte $p = 28 \times 15k$, $q = 19 \times 15k$, $r = 19 \times 28k$ et par suite $a = 19 \times 28 \times 15k$, équation qui montre que a doit égaler ou surpasser 7980, puisque k doit être 1 ou plus grand. Conséquemment, aucune année de la période julienne autre que la dernière, ne peut contenir un nombre exact de cycles.

Il est tout aussi facile de démontrer que deux années quelconques de la période julienne ne peuvent avoir les mêmes rangs dans les trois cycles. Cela se réduit évidemment à faire voir que trois rangs donnés ne font trouver qu'une seule année. Considérons celle qui est à la fois la 2ᵉ d'un cycle lunaire, la 10ᵉ d'un cycle solaire et la 4ᵉ d'un cycle d'indiction. Nous aurons les équations $a = 19p + 2$, $a = 28q + 10$, $a = 15r + 4$ et il faudra prouver que p, q, r ne peuvent avoir chacun qu'une seule valeur. Or, les deux premières équations donnent $p = \frac{28q + 8}{19}$, et les deux dernières $r = \frac{28q + 6}{15}$. Comme p et r doivent être entiers, il faut, si q peut être remplacé par $q \pm k$, que $\frac{28k}{19}$ et $\frac{28k}{15}$ soient des nombres entiers, où qu'on ait $k = 19m$, $k = 15n$, puisque 28, 19 et 15 sont premiers entre eux. Il s'ensuit $\frac{m}{n} = \frac{15}{19}$, $m = 15m'$, $n = 19m'$ et $k = 19 \times 15m'$. Donc, k serait au moins 19×15. Mais a étant une année de la période, est moindre que 7980 ou $19 \times 15 \times 28$. Le nombre positif q est donc au-dessous de 19×15; par conséquent, il ne peut devenir $q \pm k$, et l'année a est la seule qui ait, dans les trois cycles, les rangs donnés.

Pour trouver le rang de l'année a dans la période julienne, il faut évidemment résoudre, en nombres entiers, les équations

$$28q - 19p = -8, \quad 28q - 15r = -6.$$

La première fournit

$$q = 19t + 16, \quad p = 28t + 24,$$

t étant un nombre entier indéterminé. La seconde conduit à

$$q = -15u - 42, \quad r = -28u - 78.$$

On a donc

Il y avait donc 4713 années d'écoulées, à l'époque de notre ère. Par conséquent, on détermine aussi le rang d'une année quelconque dans la période julienne, en ajoutant 4713 au millésime. Vous verrez ainsi que l'année actuelle 1832 est la 6545e; effectivement, $1832 + 4713 = 6545$.

Lorsque le numéro d'une année dans la période julienne, est connu, on en obtient les numéros dans les trois autres cycles, en divisant successivement par 19, 28 et 15. Si, par exemple, vous divisez 6545 par 19, vous trouverez un reste 9 qui indiquera que l'année 1832 est la 9e du cycle lunaire actuel (134); si vous divisez le même nombre par 28, le reste 21 vous apprendra que nous en sommes à la 21e année du cycle solaire (136); enfin, le reste 5 qu'on obtient en divisant par 15, montre que le cycle d'indiction est commencé depuis 5 ans (138).

CALENDRIER PERPÉTUEL.

140. *Description*. Nos calendriers ordinaires ne servent que pendant l'année pour laquelle ils sont faits. Ils n'apprennent rien sur les années suivantes ou précédentes, et pourtant il est quelquefois nécessaire de connaître la correspondance des quantièmes avec les jours de la semaine, les âges de la Lune et les fêtes mobiles, soit antérieurement, soit postérieurement à l'année dans laquelle on se trouve. C'est le *calendrier perpétuel* qui en donne les moyens. Il présente les 12 mois, leurs quantièmes, les lettres dominicales et les épactes. Ces derniers nombres y sont disposés dans un ordre inverse : l'épacte 1, par exemple, âge de la Lune au 1er janvier, pour la 12e année du cycle lunaire (135), répond au 30, dans le calendrier perpétuel, afin que toutes les nouvelles lunes soient indiquées par les nombres des épactes. Il est clair en effet que si l'épacte de l'année est 1, la lune était nouvelle le 31 décembre précédent et qu'elle doit se retrouver nouvelle le 30 janvier, puisque la révolution synodique est de 29^j et demi.

L'épacte 30 ou nulle est marquée d'un astérisque *.

$$19t + 16 = -15u - 42 \qquad \text{ou} \qquad 19t + 15u = -58$$

qui donne

$$t = -15v - 232, \qquad u = 19v + 290.$$

Or, il est facile de reconnaître que v doit égaler -16, pour que a soit moindre que 7980. Il s'ensuit $t = 8$, $u = -14$, $p = 248$, $q = 168$, $r = 314$ et $a = 4714$. Ainsi, l'année a qui, d'après les trois rangs donnés, se trouve être la première de l'ère chrétienne, occupe le 4714e rang dans la période julienne.

JANVIER.			FÉVRIER.			MARS.			AVRIL.			MAI.			JUIN.		
Quantièmes.	Lettres dominic.	Épactes.	Quantièmes.	Lettres dominic.	Épactes.	Quantièmes.	Lettres dominic.	Épactes.	Quantièmes.	Lettres dominic.	Épactes.	Quantièmes.	Lettres dominic.	Épactes.	Quantièmes.	Lettres dominic.	Épactes.
1	A	*	1	D	29	1	D	*	1	G	29	1	B	28	1	E	27
2	B	29	2	E	28	2	E	29	2	A	28	2	C	27	2	F	(25) 26
3	C	28	3	F	27	3	F	28	3	B	27	3	D	26	3	G	25.24
4	D	27	4	G	(25) 26	4	G	27	4	C	(25) 26	4	E	25	4	A	23
5	E	26	5	A	25.24	5	A	26	5	D	25.24	5	F	24	5	B	22
6	F	25	6	B	23	6	B	25	6	E	23	6	G	23	6	C	21
7	G	24	7	C	22	7	C	24	7	F	22	7	A	22	7	D	20
8	A	23	8	D	21	8	D	23	8	G	21	8	B	21	8	E	19
9	B	22	9	E	20	9	E	22	9	A	20	9	C	20	9	F	18
10	C	21	10	F	19	10	F	21	10	B	19	10	D	19	10	G	17
11	D	20	11	G	18	11	G	20	11	C	18	11	E	18	11	A	16
12	E	19	12	A	17	12	A	19	12	D	17	12	F	17	12	B	15
13	F	18	13	B	16	13	B	18	13	E	16	13	G	16	13	C	14
14	G	17	14	C	15	14	C	17	14	F	15	14	A	15	14	D	13
15	A	16	15	D	14	15	D	16	15	G	14	15	B	14	15	E	12
16	B	15	16	E	13	16	E	15	16	A	13	16	C	13	16	F	11
17	C	14	17	F	12	17	F	14	17	B	12	17	D	12	17	G	10
18	D	13	18	G	11	18	G	13	18	C	11	18	E	11	18	A	9
19	E	12	19	A	10	19	A	12	19	D	10	19	F	10	19	B	8
20	F	11	20	B	9	20	B	11	20	E	9	20	G	9	20	C	7
21	G	10	21	C	8	21	C	10	21	F	8	21	A	8	21	D	6
22	A	9	22	D	7	22	D	9	22	G	7	22	B	7	22	E	5
23	B	8	23	E	6	23	E	8	23	A	6	23	C	6	23	F	4
24	C	7	24	F	5	24	F	7	24	B	5	24	D	5	24	G	3
25	D	6	25	G	4	25	G	6	25	C	4	25	E	4	25	A	2
26	E	5	26	A	3	26	A	5	26	D	3	26	F	3	26	B	1
27	F	4	27	B	2	27	B	4	27	E	2	27	G	2	27	C	*
28	G	3	28	C	1	28	C	3	28	F	1	28	A	1	28	D	29
29	A	2	29			29	D	2	29	G	*	29	B	*	29	E	28
30	B	1				30	E	1	30	A	29	30	C	29	30	F	27
31	C	*				31	F	*				31	D	28			

16

JUILLET.			AOUT.			SEPTEMB.			OCTOBRE.			NOVEMB.			DÉCEMB.		
Quantièmes.	Lettres dominic.	Épactes.	Quantièmes.	Lettres dominic.	Épactes.	Quantièmes.	Lettres dominic.	Épactes.	Quantièmes.	Lettres dominic.	Épactes.	Quantièmes.	Lettres dominic.	Épactes.	Quantièmes.	Lettres dominic.	Épactes.
1	G	26	1	C	25.24	1	F	23	1	A	22	1	D	21	1	F	20
2	A	25	2	D	23	2	G	22	2	B	21	2	E	20	2	G	19
3	B	24	3	E	22	3	A	21	3	C	20	3	F	19	3	A	18
4	C	23	4	F	21	4	B	20	4	D	19	4	G	18	4	B	17
5	D	22	5	G	20	5	C	19	5	E	18	5	A	17	5	C	16
6	E	21	6	A	19	6	D	18	6	F	17	6	B	16	6	D	15
7	F	20	7	B	18	7	E	17	7	G	16	7	C	15	7	E	14
8	G	19	8	C	17	8	F	16	8	A	15	8	D	14	8	F	13
9	A	18	9	D	16	9	G	15	9	B	14	9	E	13	9	G	12
10	B	17	10	E	15	10	A	14	10	C	13	10	F	12	10	A	11
11	C	16	11	F	14	11	B	13	11	D	12	11	G	11	11	B	10
12	D	15	12	G	13	12	C	12	12	E	11	12	A	10	12	C	9
13	E	14	13	A	12	13	D	11	13	F	10	13	B	9	13	D	8
14	F	13	14	B	11	14	E	10	14	G	9	14	C	8	14	E	7
15	G	12	15	C	10	15	F	9	15	A	8	15	D	7	15	F	6
16	A	11	16	D	9	16	G	8	16	B	7	16	E	6	16	G	5
17	B	10	17	E	8	17	A	7	17	C	6	17	F	5	17	A	4
18	C	9	18	F	7	18	B	6	18	D	5	18	G	4	18	B	3
19	D	8	19	G	6	19	C	5	19	E	4	19	A	3	19	C	2
20	E	7	20	A	5	20	D	4	20	F	3	20	B	2	20	D	1
21	F	6	21	B	4	21	E	3	21	G	2	21	C	1	21	E	*
22	G	5	22	C	3	22	F	2	22	A	1	22	D	*	22	F	29
23	A	4	23	D	2	23	G	1	23	B	*	23	E	29	23	G	28
24	B	3	24	E	1	24	A	*	24	C	29	24	F	28	24	A	27
25	C	2	25	F	*	25	B	29	25	D	28	25	G	27	25	B	26
26	D	1	26	G	29	26	C	28	26	E	27	26	A	(25) 26	26	C	25
27	E	*	27	A	28	27	D	27	27	F	26	27	B	25.24	27	D	24
28	F	29	28	B	27	28	E	(25) 26	28	G	25	28	C	23	28	E	23
29	G	28	29	C	26	29	F	25.24	29	A	24	29	D	22	29	F	22
30	A	27	30	D	25	30	G	23	30	B	23	30	E	21	30	G	21
31	B	(25) 26	31	E	24				31	C	22				31	A	(19) 20

141. *Usage.* Pour vous montrer maintenant comment on se sert du calendrier perpétuel, supposons qu'il faille l'appliquer à 1832. L'épacte de cette année est 28 ; par conséquent, le quantième de janvier vis-à-vis duquel se trouvera 28, dans la colonne correspondante des épactes, sera l'époque d'une nouvelle lune. Les autres nouvelles lunes sont marquées aussi par l'épacte 28, sur le calendrier perpétuel ; mais il s'en faut parfois de 2 ou 3 jours qu'elles ne s'accordent avec celles qui sont déduites des calculs astronomiques. Par exemple, la 2e nouvelle lune a dû arriver le 2 février, selon le calendrier, et dans le fait, c'est le 1er à 10^h 39$'$ du soir qu'elle a eu lieu ; celle de juillet devrait tomber le 29, et c'est le 27 à 2^h 11$'$ du soir que se fera la conjonction ; enfin, celle de décembre placée au 23 dans le calendrier, arrivera le 22 à 2^h 44$'$ du matin. Vous concevez cependant que, pour les usages ordinaires, l'approximation du calendrier perpétuel peut suffire.

Les dimanches et par suite les autres jours de la semaine se déterminent exactement au moyen des lettres dominicales. Comme l'année 1832 en a deux A et G (137), tous les quantièmes marqués de A en janvier et février, de G dans les autres mois, sont des dimanches.

Vous voyez donc qu'il suffit de reconnaître l'épacte et la lettre dominicale d'une année postérieure ou antérieure, pour déterminer exactement l'époque de la nouvelle lune de janvier, approximativement les époques des autres, et la correspondance des jours de la semaine aux quantièmes.

Il est facile aussi de trouver les jours des fêtes mobiles. Pâques doit être célébré le dimanche qui suit la première pleine lune après le 20 mars, et la pleine lune arrive 14 jours après la nouvelle. Si donc 14 ajoutés au quantième d'une nouvelle lune placée dans les premiers jours de mars, ne donne pas au moins 21, il faut partir de la nouvelle lune suivante, compter 14 et prendre pour Pâques, le dimanche qui vient après le jour sur lequel on tombe ainsi. Par exemple, en 1832, la lune est nouvelle le 3 mars, selon le calendrier perpétuel ; 14 plus 3 font 17, nombre moindre que 21. Il faut donc partir du 2 avril, époque de la nouvelle lune suivante. Comptant 14, on arrive au 16 avril et l'on trouve que le dimanche suivant ou Pâques répond au 22.

Jamais Pâques ne précède le 22 mars, ni ne suit le 25 avril ; ces deux quantièmes sont les limites de la fête. Effectivement, la pleine lune qui suit le 20 mars, arrive au plus tôt le 21 et au plus tard le 18 avril, 29 jours après le 20 mars. Dans le premier cas, Pâques est célébré le 22 mars, lorsque ce jour est un dimanche ; dans le second, la solennité doit être remise au 25 avril, 7 jours après le 18, si le dimanche se rencontre avec ce dernier quantième.

C'est Pâques qui règle les autres fêtes mobiles : le 9e dimanche en remontant est celui de la Septuagésime ; le 39e jour en descendant est celui de l'Ascension ; la Pentecôte tombe dix jours plus tard ; le dimanche suivant est la Trinité ; et 4 jours après vient la Fête-Dieu que maintenant on recule de 3 jours. Quant au mercredi des cendres , qui suit toujours le dimanche de la Quinquagésime ou dimanche gras, il est suffisamment déterminé par la Septuagésime.

Il reste à vous expliquer pourquoi le calendrier perpétuel présente parfois deux épactes à côté l'une de l'autre. D'abord, les deux nombres 25 et 24 séparés par un point, indiquent que la lune est nouvelle le 5 février , par exemple, quand elle l'a été soit le 6, soit le 7 janvier. Le nombre 25 mis entre parenthèses , sert seulement quand l'épacte 25 répond à un nombre d'or supérieur à 11 ; il montre alors qu'il y a nouvelle lune le 4 février, par exemple, et non le 5 : cela n'arrivera pas avant la fin du siècle. Enfin , le nombre 19 placé entre parenthèses, vis-à-vis du 31 décembre, ne sert que dans l'année où l'épacte et le nombre d'or sont à la fois 19, ce qui eut lieu en 1690 et ne se renouvellera plus qu'au bout de plusieurs siècles.

CADRANS SOLAIRES.

142. *Applications de l'Astronomie.* Bien que je ne vous aie point annoncé l'Astronomie comme une science industrielle, il s'en faut de beaucoup qu'elle soit sans applications aux arts. Vous savez déjà, par ce que je vous ai dit des tables de la Lune (60), à propos de l'irrégularité de sa révolution , que les progrès de la navigation sur mer ont dépendu et dépendent encore de la justesse des observations et des calculs astronomiques. Vous avez dû remarquer que les latitudes et les longitudes servent de fondemens à la construction des cartes géographiques, si nécessaires aux communications des peuples (19 et 20). L'étude du calendrier vous a montré que la fixation des époques historiques et l'art de vérifier les dates, reposent sur des cycles fournis par les relations qui existent entre le cours de la Lune et les mouvemens de la Terre. Enfin , ce qui a été exposé sur la méridienne du temps vrai et sur celle du temps moyen (52), vous a fait voir que l'exécution des cadrans solaires nécessite aussi des principes d'Astronomie.

Un cadran solaire est si utile pour suppléer aux horloges ou pour les régler , et cette application de la science se rattache tellement aux professions de plusieurs ouvriers, que je crois devoir vous la présenter avec quelques détails, avant de terminer.

143. *Variété des cadrans.* On peut faire des cadrans solaires sur toute espèce de surface, mais ordinairement c'est sur une surface plane qu'on les construit. Je me bornerai donc à vous enseigner les moyens d'exécuter un cadran solaire sur un plan quelconque.

Il y a des cadrans qui n'offrent que la méridienne du temps vrai : ceux-là sont fort incomplets. D'autres le sont moins, parce que, outre cette méridienne, ils contiennent les *lignes horaires*, les lignes qui marquent les heures. Un cadran complet présente ces lignes et les deux méridiennes. On y ajoute parfois d'autres lignes qui indiquent le commencement de chaque mois et la durée des saisons, mais ce sont choses beaucoup plus curieuses qu'utiles.

144. *Tracé des méridiennes.* Si vous voulez un cadran qui marque simplement le midi vrai, vous aurez seulement à tracer la méridienne droite, et vous pourrez vous y prendre de deux manières.

Méthode de jour. Sur un plan rendu parfaitement horizontal, au moyen d'un niveau ou d'une bille qu'on y laisse tomber, plantez une tige verticale d'une longueur arbitraire. Marquez successivement, vers 10^h, $10^h\frac{1}{2}$, 11^h, $11^h\frac{1}{2}$, l'extrémité de l'ombre portée par cette tige, et de son pied décrivez quatre arcs de cercle, avec les longueurs d'ombre pour rayons. Lorsque midi sera passé, l'extrémité de l'ombre reviendra d'abord sur le plus petit cercle, puis sur le suivant, sur le 3e, sur le 4e; car les ombres du matin vont en décroissant jusqu'à midi, et les ombres du soir croissent au contraire de midi jusqu'au coucher du Soleil. Marquez aussi les points des cercles où aboutira l'extrémité de l'ombre après midi. Vous aurez deux points d'ombre sur chaque cercle. Cherchez le milieu de l'arc compris entre ces deux points; il en résultera quatre autres points qui appartiendront à la méridienne, et qui se trouveront en ligne droite avec le pied de la tige, si toutes les opérations ont été bien faites. Dans le cas où cette condition ne serait pas remplie, vous prendriez pour méridienne la droite qui unirait le pied de la tige avec trois, avec deux des points milieux; mais vous recommenceriez, si la droite menée du pied de la tige à un des points milieux, ne passait par aucun autre.

Les erreurs qu'on peut commettre, proviennent surtout de la pénombre qui jette de l'incertitude sur le point où l'ombre finit réellement. On est bien plus sûr d'opérer avec exactitude, quand on fixe à l'extrémité supérieure de la tige, une plaque percée d'un petit trou rond. Il faut marquer alors les positions que prend le centre du petit cercle éclairé, formé par les rayons qui passent dans le trou.

Le fondement de la méthode des cercles concentriques est que les ombres portées sur un plan perpendiculaire au méridien, par une tige située dans ce dernier plan, sont de même longueur, pour des instants également éloignés de midi, et cela vient de ce qu'en ces instans, le Soleil est à la même hauteur au-dessus de l'horizon. Toutefois, l'égalité des hauteurs de l'astre n'est pas rigoureusement vraie, puisqu'en vertu du mouvement de la Terre sur l'écliptique, l'équateur se rapproche ou s'écarte à chaque instant du centre solaire (35). Mais, la quantité dont le Soleil paraît monter ou descendre dans l'intervalle de quatre heures, est si petite, qu'on peut bien se dispenser d'y avoir égard. Voilà pourquoi il est prescrit d'opérer entre 10^h du matin et 2^h de l'après-midi.

Si l'on recommande en outre d'employer un plan horizontal et une tige verticale, c'est que de telles positions sont faciles à déterminer, et que le plan méridien étant vertical, coupe le cadran d'équerre, en passant par la tige.

Il est trop facile de tracer une méridienne sur une surface quelconque, quand on a celle d'un plan horizontal, pour que j'entre dans des détails à ce sujet. Vous voyez de reste qu'il suffit de marquer la position de l'ombre sur la nouvelle surface, au moment où le cadran horizontal indique midi. Bien entendu que la nouvelle tige doit être aussi dans le plan méridien.

Méthode de nuit. Le moyen de tracer une méridienne pendant la nuit, repose sur ce qui a été dit (128) de l'étoile polaire e et de l'étoile d à laquelle commence la queue de la Grande-Ourse (F. 70). Puisque ces étoiles nous paraissent tourner en 24^h autour du pôle p, elles parcourent leurs circonférences dans le même temps. Mais, celle de d est environ 4 fois plus grande que celle de e; d a donc une vitesse apparente quadruple de la vitesse apparente de e. Conséquemment, d parcourt le quadruple dd' de l'arc ee', dans le temps qu'emploie l'étoile polaire pour parvenir à son tour au méridien pm: quand e est en e', d est en d', à $9'\ 55'',35$ de sa position méridienne.

Prenons dd'' égal à ee'. A cause de la petitesse des arcs, la droite ed'' sera parallèle à pm et située dans un plan vertical; mais les deux étoiles ne se trouveront pas à la fois dans cette direction. A quel moment seront-elles ensemble dans un autre plan vertical? Il est visible que ce sera au moment où d aura parcouru $\frac{4}{5}$ de dd'' et l'étoile polaire $\frac{1}{5}$ de ee', puisque le premier astre va 4 fois plus vite que le second. Or, ee' est parcouru en $9'\ 55'',35$; son cinquième sera donc parcouru en $1'\ 59'',07$. Retranchant $1'\ 59'',07$ de $9'\ 55'',35$, on voit que l'étoile polaire passe au méridien $7'\ 56'',28$ après s'être trouvée avec l'étoile d dans le même plan vertical.

D'après cela, il faut, pour tracer une méridienne, n'importe sur quelle surface, suspendre deux fils à plomb à une perche soutenue par deux appuis élevés; guetter l'instant où l'étoile polaire et l'étoile d de la Grande-Ourse se trouvent ensemble dans le plan vertical de l'un des fils; attendre ensuite que $7'\ 56''$ ou $8'$ se soient écoulées; puis faire pivoter la perche jusqu'à ce que le plan des deux fils passe exactement par l'étoile polaire : alors ce plan sera rigoureusement celui d'un méridien, et son intersection avec la surface quelconque placée au-dessous des fils ou derrière, y déterminera une méridienne.

Observez qu'il convient de faire plonger chaque plomb dans un baquet plein d'eau, afin de prévenir les oscillations qui pourraient être occasionnées par les courans d'air.

145. *Principes fondamentaux des cadrans.* Vous pourriez em-

ployer l'une ou l'autre des méthodes précédentes, pour tracer la méridienne d'un cadran complet; mais vous n'éviteriez ainsi qu'une opération plus simple encore. Ce qui vient d'être dit, doit donc être regardé comme étranger au tracé général des cadrans. Je vais d'abord vous en exposer les principes fondamentaux.

Supposez qu'à l'un des pôles, au pôle nord par exemple, une verge droite et très-mince soit plantée dans la direction de l'axe terrestre, au centre d'un cercle de grandeur quelconque, perpendiculaire à la même direction. Il est clair que l'ombre de la verge parcourra tout ce cercle en 24^h, puisqu'elle sera, sur le plan circulaire, la trace du plan qui contient l'axe terrestre et le centre du Soleil, et que tous les points des divers parallèles à l'équateur passent en un jour dans ce dernier plan. Il est clair aussi qu'à chaque heure répondra $\frac{1}{24}$ de la circonférence, puisque la rotation de la Terre est un mouvement parfaitement régulier. Si donc vous divisez le cercle en 24 parties égales par des rayons, chaque point de la circonférence aura pour méridienne du temps vrai, le rayon correspondant, et pour lignes horaires, tous les autres rayons, car l'ombre de la verge marquera successivement toutes les heures du jour pour ce point.

Ainsi, l'ensemble du petit cercle P et de la verge plantée au pôle, forme un vrai cadran solaire (F. 71). Quand le point A est dans le plan vertical SP, il a midi, et l'ombre opposée au Soleil S, est dirigée selon PO trace du méridien AO de ce point. Quand la Terre a fait le quart de sa rotation, A est en A', et l'ombre toujours dirigée selon PO, se trouve à 90° de la trace PO' qu'elle couvrait 6 heures auparavant.

Cela bien compris, établissez le même cadran en un point v d'un parallèle quelconque, de manière que la verge soit parallèle à l'axe terrestre et que le point a se trouve en même temps que A dans le plan vertical SP. Il sera aussi midi pour a, lorsque l'ombre aura la direction vo ou PO. Six heures après, le cadran emporté par la rotation, se trouvera en v', et a sera en a'. Mais à cause de l'immense éloignement du Soleil, le plan qui contiendra le centre de cet astre et la verge v', sera parallèle au plan vertical SP; conséquemment, l'ombre aura encore $v'o$ pour direction et fera un angle de 90° avec la trace $v'o'$ du méridien de a.

Vous voyez donc que les ombres portées par une verge parallèle à l'axe terrestre, sur un plan qui la coupe d'équerre, se comportent partout comme au pôle, et que le cadran polaire convient à un lieu quelconque. Concluez-en que pour établir un cadran polaire sur un point donné, il suffit d'y planter une verge droite et très-mince parallélement à l'axe de la Terre, de tracer au tour de ce point un cercle dont le plan soit perpendiculaire à la verge, de diviser la circonférence en 24 parties égales, et de marquer midi sur la division o qui se trouvera dans le plan vertical nord-sud ou PS, au moment où la verge v y arrivera. Il est d'ailleurs visible que les chiffres 1 , 2 , 3 , etc. , doivent être placés sur les divisions de gauche, les chiffres 11 , 10 , 9 , etc. , sur les divisions de droite, à partir de o, et qu'il y a tout au plus 16 divisions à numéroter. dans les lieux des zônes tempérées, où le Soleil ne reste pas 24^h de suite sur l'horizon, comme dans les zônes glaciales.

Maintenant, que reste-t-il à faire pour convertir un cadran polaire en un autre dont le plan soit incliné par rapport à l'axe terrestre ou à la verge parallèle? Il s'agit seulement de tracer sur ce plan les traces des plans horaires connus, c'est-à-dire, des plans qui passent par la verge v et par les lignes horaires v. 6 ,... v.9 ,... v.12 ,... v 3 ,.. v.6. L'ombre étant contenue toute entière dans chacun de ces plans, aux différentes heures du jour, tombera nécessairement sur leurs traces aux mêmes heures, et par conséquent, ces traces seront les lignes horaires du nouveau cadran.

Ainsi, la construction d'un cadran quelconque exige celle d'un cadran polaire et le tracé des intersections des plans horaires de ce dernier coupés par le plan du premier.

146. Il est important, pour l'intelligence du reste , de faire les remarques suivantes :

Le rayon solaire SP' (F. 72) qui passe par l'extrémité supérieure P' de la verge P'P'' et termine l'ombre, engendre en 24^h un cône droit et circulaire. Le cercle P est la projection de ce cône, sur le plan du cadran polaire; P'P'' est l'axe; les deux rayons lumineux P'A, P'B sont les génératrices extrêmes.

Tout plan qui contient l'axe P'P'', est plan diamétral du cône, et par conséquent, les traces de deux plans diamétraux sur le plan du cadran, se coupent au centre P.

Si sur deux génératrices quelconques P'A, P'C, on prend, à partir du sommet P', deux longueurs égales P'a, P'c, la corde ac du cône est celle d'un cercle qui a son centre sur P'P'' et qui est parallèle au cercle P.

Pour qu'un plan soit diamétral, il suffit qu'il passe par P' et coupe ac d'équerre et en deux parties égales, car alors il contient l'axe P'P'', puisqu'il contient évidemment un rayon du cercle dont ac est corde. Ces conditions sont remplies, lorsque le plan coupe ac d'équerre et passe par une génératrice P'D bissectrice de l'angle AP'C.

147. *Dispositions préliminaires.* Comme les ombres ne sont jamais nettement terminées et qu'une verge très-mince pourrait se fausser, les cadrans un peu soignés marquent les heures au moyen d'une plaque métallique, ronde, au centre de laquelle est un petit trou circulaire. La grandeur du trou doit être telle, qu'elle donne passage à un faisceau de rayons lumineux suffisant pour produire, autour du centre de l'ombre de la plaque, un très-petit rond d'une lumière vive : ce petit rond éclairé est appelé *image solaire.*

Après avoir rendu bien plane la surface sur laquelle on veut établir le cadran, il faut y fixer solidement la tige qui porte la plaque ronde, observant de la placer de manière que son ombre ne nuise point au cadran. Il est nécessaire aussi que la plaque soit à peu près perpendiculaire à la direction qu'ont les rayons du Soleil à midi, vers le jour d'un équinoxe, si l'on veut être certain d'avoir toujours une image solaire et de l'avoir assez grande, assez nette. Cette dernière condition est tout aussi facile à remplir que la première : il suffit en effet de placer la plaque en face de la partie du ciel où l'on sait qu'est à peu près le Soleil à midi, et de l'incliner ensuite jusqu'à ce que son plan passe par l'étoile polaire (11); car les rayons solaires contenus dans le plan méridien, étant, aux époques des équinoxes, perpendiculaires à l'axe terrestre (34), le seront aussi à la plaque qui se trouvera parallèle à cet axe et tournée au Soleil.

Quand ces premières dispositions sont achevées, le centre du trou de la plaque remplace l'extrémité supérieure de la verge parallèle à l'axe terrestre, et il s'agit d'en déterminer l'extrémité inférieure, centre du cadran (145). Lorsque ce centre sera trouvé, on aura évidemment la direction qu'il eût fallu donner à la verge, si l'on s'en fût servi.

148. *Projection du trou de la plaque.* Mais, pour obtenir le centre du cadran, on a besoin de projeter sur le plan, l'extrémité supérieure de la verge. Si ce plan est horizontal, un fil-à-plomb passant par le centre du petit trou, en donnera exactement la projection. Dans tout autre cas, vous marquerez sur le plan, trois points également éloignés de ce centre, et vous chercherez le centre du cercle de ces trois points. Comme cette construction est celle que prescrit la Géométrie, pour abaisser une perpendiculaire sur un plan, il est clair qu'elle détermine la projection qui vous est nécessaire.

149. *Époques favorables au tracé.* L'époque la plus favorable à l'exactitude du tracé d'un cadran solaire, est celle de l'un ou de l'autre solstice. La hauteur méridienne du Soleil change si peu en 24 heures, quand la Terre est vers son aphélie ou son périhélie (36), qu'on n'a pas à craindre de commettre des erreurs appréciables, en ne tenant aucun compte de la quantité dont l'équateur se rapproche de l'astre pendant quelques heures. C'est donc dans la dernière moitié de juin ou de décembre, que je vous conseille d'opérer, lorsque vous aurez à construire un cadran solaire.

150. *Construction du centre du cadran.* Après avoir trouvé la projection P du centre du trou (F. 73) et mesuré avec soin la distance de ces deux points, marquez le centre de l'image solaire entre 8 et 9^h du matin, vers midi, puis entre 3 et 4^h du soir;

17

vous aurez ainsi, sur le plan, trois points A , A′, A″ qui formeront un triangle AA′A″.

Joignez ces points à la projection P; vous aurez les traces AP, A′P, A″P des trois plans perpendiculaires au cadran, passant par le centre du trou et contenant les rayons lumineux qui ont produit A, A′, A″.

Rabattez ces plans sur le cadran, en faisant tourner chacun autour de sa trace. La perpendiculaire ou ligne projetante P, prendra les directions PT, PT′, PT″ respectivement d'équerre sur AP, A′P, A″P, et si vous portez la longueur mesurée de cette perpendiculaire, sur les trois directions, à partir de P, vous obtiendrez sur les rabattemens, les positions T, T′, T″ du centre du trou.

Tirez les droites AT, A′T′, A″T″; elles représenteront sur les rabattemens, les trois rayons solaires qui ont donné A, A′, A″.

Faites le triangle AA′t, avec les longueurs AT, A′T′; l'angle t sera celui des deux rayons qui aboutissent en A, A′. Tracez la bissectrice tB de cet angle; vous aurez, sur le rabattement, une droite contenue dans un plan diamétral du cône formé par les rayons solaires (146); le point B situé sur le plan du cadran, appartiendra à la trace de ce plan diamétral, et il ne s'agira plus que de trouver la direction de cette trace.

A cet effet, prenez sur les génératrices TA, T′A′ du cône, les parties égales Ta, T′a′; les points a, a′ seront, dans les rabattemens, les extrémités d'une corde dont le cercle se trouvera perpendiculaire à l'axe du cône. Menez aC, a′C′ parallèlement à TP, T′P; ces deux nouvelles droites représenteront aussi deux perpendiculaires au plan du cadran; elles perceront ce plan aux points C, C′, et CC′ sera la trace d'un plan mené par aa′ perpendiculairement au cadran.

Or, puisque le plan diamétral doit être perpendiculaire à la corde aa′ (146), il faut qu'il le soit au plan aCC′a′. Ce dernier est donc à la fois d'équerre sur le cadran et sur le plan diamétral; il l'est donc aussi sur la commune intersection de ces deux plans, laquelle n'est autre que la trace du plan diamétral. Par conséquent, cette trace est perpendiculaire sur aCC′a′ et sur toutes les droites de ce plan qu'elle rencontre; par conséquent encore, elle doit couper d'équerre CC′.

Ainsi, en abaissant de B une perpendiculaire sur CC′, vous aurez la trace d'un plan diamétral du cône formé par les rayons solaires; en faisant pour A′A″, ce qui vient d'être fait pour AA′, vous obtiendrez la trace d'un second plan diamétral, et en répétant les mêmes opérations relativement à AA″, vous trouverez la trace d'un troisième, qui devra passer par l'intersection O des deux autres traces et vérifiera la position de cette intersection, centre du cadran.

151. *Construction de la méridienne droite.* Rien de plus facile

que de tracer la méridienne du temps vrai, dès que le centre du cadran est trouvé. En effet, cette méridienne est contenue dans le méridien du centre O (F. 74); ce méridien est vertical et passe par la verge du cadran. Si donc vous construisez, sur ce cadran, la trace d'un plan vertical qui renferme le point O et le centre du trou de la plaque, cette trace sera la méridienne droite.

Mais, le point O étant sur le plan du cadran, appartient évidemment à la trace cherchée. Il reste donc à trouver un second point. Pour cela, vous appliquerez un fil-à-plomb au centre du trou et vous marquerez le point M où il ira percer le plan du cadran; ce point sera aussi sur la trace, car il formera le pied d'une verticale qui, passant par un point de la verge, appartiendra nécessairement au plan méridien. Joignant donc O et M, vous aurez la méridienne du temps vrai.

Il est clair que si le cadran est horizontal, le pied M de la verticale abaissée du centre du trou et la projection horizontale P de ce même centre, doivent se confondre. Par conséquent, dans ce cas, la méridienne est OP et toute trouvée, dès qu'on a le point O.

Lorsque le cadran est vertical, le fil-à-plomb appliqué au centre du trou ne peut le rencontrer. Ce fil est donc parallèle à la trace du plan méridien; cette trace est donc elle-même verticale. Il s'ensuit que pour avoir la méridienne, dans cet autre cas, il suffit de tracer une droite que couvre le fil appliqué au centre O.

152. *Détermination de la verge.* Les opérations qui restent à exécuter, exigent l'angle fait par la verge avec le plan du cadran. Or, cette verge est l'hypothénuse d'un triangle rectangle formé par sa projection OP et la ligne projetante de l'extrémité supérieure. Vous connaissez la longueur TP (F. 73) de cette dernière ligne. Si donc vous élevez sur OP (F. 74) une perpendiculaire PT de même longueur, OT sera la verge rabattue et située par rapport à OP, comme elle l'est réellement par rapport au cadran.

153. *Construction du cadran polaire.* Il s'agit maintenant de construire le cadran polaire dont les lignes horaires doivent donner celles du cadran quelconque auquel on travaille. Vous pouvez établir ce cadran polaire en un point pris arbitrairement sur la verge; mais les opérations sont beaucoup plus simples, quand on en place le centre à l'extrémité supérieure, au centre du trou de la plaque. Si en adoptant cette position, vous élevez sur TO, la perpendiculaire TD, vous aurez, dans le rabattement, une droite du cadran polaire, puisqu'il est perpendiculaire à la verge (145), et le point D appartiendra à l'intersection des deux cadrans, puisqu'il est dans la charnière OP du rabattement.

Or, les deux cadrans sont perpendiculaires au plan du triangle OPT placé dans sa vraie position; par conséquent, leur intersection est perpendiculaire au même plan et à toute les droites qu'elle y rencontre ; de sorte que vous aurez cette intersection , en traçant par D une perpendiculaire DE à OD.

Rabattez le cadran polaire sur l'autre , en le faisant tourner autour de sa trace DE. La droite TD s'appliquera évidemment sur le prolongement de OD , et si vous rapportez la longueur TD de D en T′, ce point T′ sera le centre du cadran polaire sur le nouveau rabattement.

Prolongez la méridienne OM jusqu'au point XII de DE ; T′. XII représentera la méridienne du cadran polaire , attendu qu'elle doit passer par le centre T′, et que les deux méridiennes , comme les autres lignes horaires correspondantes , se coupent nécessairement sur l'intersection des deux cadrans.

Enfin , décrivez un cercle , de T′, avec une ouverture de compas arbitraire ; divisez-le en 24 parties égales , à partir de la méridienne T′.12 , et numérotez les points de division , en observant d'écrire du côté de l'occident les heures de la matinée , vous aurez le cadran polaire rabattu sur l'autre.

154. *Achèvement du cadran quelconque.* Pour achever le cadran qui est en construction , il ne s'agit plus que de prolonger les lignes horaires T′.11 , T′.10...., T′.1 , T′.2.... du cadran polaire , jusqu'à la charnière DE , et de joindre les points d'intersection XI , X...., I , II...., au centre O qui doit être commun à toutes les nouvelles lignes horaires , ombres de la verge , puisqu'il est l'extrémité inférieure de cette verge.

Si une des lignes horaires qui partent de T′, T′.8 du matin , par exemple , est parallèle à DE , vous obtiendrez sa correspondante , en menant par O une parallèle O.VIII à la même droite. Dans ce cas , T′.7 du matin , ni aucune des lignes qui précèdent celle-là , ne peuvent rencontrer la charnière du côté de E ; mais elles la rencontreront de l'autre côté , et les lignes horaires correspondantes seront toujours déterminées par les points d'intersection et le centre O.

Au reste , il suffit de construire les lignes horaires comprises entre O.XII et celles qui sont parallèles à DE ; les autres doivent en être les prolongemens , sur le cadran quelconque comme sur le cadran polaire. Mais , observez que , pour nos contrées , il n'y a pas plus de 16 lignes horaires à tracer. Il en est même d'inutiles dans ce nombre ; car un cadran commence seulement à marquer , quand le Soleil est parvenu à une certaine hauteur au-dessus de l'horizon , ou lorsque le centre de l'astre à dépassé le plan de la plaque.

Il peut se faire aussi et il arrive même assez souvent qu'une ligne horaire , telle que T′.9 , va rencontrer DE au-delà du tableau. C'est le cas d'employer le tracé au moyen duquel on mène , d'un point O , une droite dirigée au concours invisible de deux droites DE , T′.9. Vous pouvez aussi tirer T′F et OG parallèles à DE ,

FH parallèle à T'.9 ; prendre KL égale à DE ; mener GH, LN parallèle au côté FG du cadre, et porter LN de E en IX. La droite O.IX correspondra à T.9, pourvu que les côtés FG, EQ du cadre soient parallèles à OD : cela est de toute évidence.

Si le tableau était encore trop petit pour qu'on pût marquer le point H, vous feriez sur un autre tableau suffisamment grand, le trapèze DEQT' ou KLRF, puis le triangle KGH, ce qui vous ferait trouver LN ou E.IX.

155. *Emploi d'une montre.* Je dois, avant de passer outre, vous prémunir contre une erreur assez commune. Les personnes qui n'ont pas étudié l'Astronomie, croient qu'ayant tracé la méridienne droite d'un cadran, il leur suffit pour obtenir les lignes horaires, n'importe en quel temps, de joindre le centre O (F. 74) aux positions qu'a le centre de l'image solaire, quand une bonne montre réglée sur la méridienne, marque 1^h, 2^h, 3^h, etc., et le lendemain matin 5^h, 6^h, etc.

Pour qu'un cadran quelconque, ainsi tracé, donnât les heures vraies, supposition faite que la montre ne se dérangeât pas pendant la nuit, il faudrait opérer à une des époques où la différence du temps vrai au temps moyen reste constante durant quelques jours, où il cesse d'y avoir augmention, soit de l'avance, soit du retard des cadrans par rapport aux horloges (51). Autrement, il s'écoulerait plus ou moins de 1^h entre les instans dans lesquels le Soleil indiquerait 11^h et midi. La différence pourrait même être de 15 à 30″ d'un jour à l'autre.

Et que gagnerait-on à se servir d'une montre pour déterminer les lignes horaires ? D'éviter la construction du cadran polaire et le tracé de celles de ces lignes qui vont couper DE au-delà du cadre, voilà tout. Or, ces opérations sont très-faciles et ne prennent pas à beaucoup près les 16 heures que ferait consumer l'emploi de la montre.

156. *Tracé de la courbe d'un jour.* Pour compléter le cadran, il faut encore y tracer la méridienne du temps moyen sur laquelle doivent être réglées les horloges. Mais, l'opération nécessite la ligne suivie par le centre de l'image solaire, dans l'intervalle de 11^h à 1^h. Cette ligne est une courbe ; elle fait évidemment partie de celle qu'on aurait, si le centre du Soleil restait dans le plan du même parallèle à l'équateur, pendant tout un jour, car la quantité dont varie en deux heures la hauteur méridienne de l'astre, est fort petite et négligeable. Il faut donc apprendre à tracer sur le cadran la courbe qui serait suivie par le centre de l'image solaire, pendant le jour où le plan d'un parallèle indiqué contiendrait constamment le centre du Soleil.

Occupons-nous d'abord de la courbe du 21 décembre, époque où le parallèle qui reçoit à plomb le rayon lumineux central, est le tropique du capricorne. Puisqu'au moment d'un équinoxe, ce rayon reste tout le jour perpendiculaire à l'axe terrestre, il est dirigé selon TD perpendiculaire à la verge du cadran, et le 21 décembre il fait un angle de 23° ½ avec TD, du côté de TO. Décrivez donc un cercle quelconque autour de T (F. 75); prenez l'arc AB de 23° ½ et tirez BT, vous aurez sur le plan OTP rabattu, la direction du rayon qui joindra le centre du Soleil à celui du trou de la plaque, le 21 décembre. L'image solaire C doit être en effet plus élevée alors qu'à l'équinoxe où elle est en D, attendu que la hauteur méridienne de l'astre est aussi petite qu'il est possible.

D'après notre hypothèse de la demeure du Soleil dans le même parallèle pendant 24 heures, l'image solaire ou le rayon AD suivra la droite DE, dans les deux jours équinoxiaux, et l'angle BTA sera constant, durant toute la journée du 21 décembre. Ainsi, nous pouvons supposer que les rayons lumineux AT, BT passent successivement dans chaque plan horaire. Rapportez donc la méridienne O.XII de O en E′; le point E′ sera en rabattement, la position du centre de l'image solaire à midi, le jour d'un équinoxe, et le point F, rencontre de OE′ avec BT, sera la position méridienne de la même image, le 21 décembre. Pour remettre cette dernière position à sa vraie place, il suffit de rapporter OF de O en G, sur O.XII.

Opérant de la même manière pour la ligne de XI heures, vous trouverez sur le rabattement, en H l'image solaire équinoxiale de ce moment-là, en I l'image solaire du 21 décembre, et en K la vraie position de I.

Vous voyez donc qu'il est très-facile de marquer sur chaque ligne horaire, les positions qu'y doit occuper le centre de l'image solaire pendant un jour solsticial. Joignant toutes ces positions par une courbe, vous aurez la ligne KGC suivie par l'image durant ce jour-là.

Pour tracer la courbe d'un autre jour, il faut opérer absolument de la même manière, en employant, au lieu du rayon lumineux BT, celui qui convient au jour indiqué. S'il s'agit, par exemple, du 1ᵉʳ novembre, époque de la plus grande avance des cadrans solaires sur les horloges (51), vous chercherez dans un *Annuaire du Bureau des longitudes*, la distance du Soleil au plan de l'équateur, le 1ᵉʳ novembre. Elle se trouve au calendrier de cet annuaire, colonne intitulée *Déclinaison du Soleil à midi vrai*. Vous porterez cette distance, cette déclinaison, de 14° ½, sur l'arc AB, à partir de A; vous la porteriez dans le sens opposé, si au lieu d'être *australe* elle était *boréale*. Le point B′ qui en résultera, vous donnera le nouveau rayon central B′T à employer, pour obtenir la courbe du 1ᵉʳ novembre.

157. *Tracé de la méridienne courbe.* Après avoir ainsi déterminé les courbes des deux solstices, celles du 1ᵉʳ novembre, du 24 décembre, du 10 février, du 15 avril, du 15 mai, du 15 juin, du 27 juillet, du 1er septembre, et quelques autres encore, si vous désirez une grande exactitude, vous pourrez obtenir un grand nombre de points de la méridienne du temps moyen et tracer cette lemniscale avec assez de précision (52).

Mais, il y a une opération préalable à exécuter : il faut diviser les arcs 12.11 et 12.1 du cadran polaire (F. 74) en parties égales, aliquotes de 60 et le plus nombreuses qu'il est possible. Supposons que vous divisiez en 12 parties, c'est le moins; chacune représentera 5 minutes. Vous construirez entre O.XII et O.XI, entre O.XII et O.I, les lignes des douzièmes d'heure, comme vous avez construit les lignes horaires (154).

Voulez-vous maintenant marquer le point de la méridienne courbe, qui se trouve, par exemple, sur la courbe YZ du 16 novembre (F. 75)? Il faut chercher dans le calendrier de l'*Annuaire*, colonne intitulée *temps moyen au midi vrai*. On y lit, vis-à-vis du 16 novembre, que le temps moyen est à cet époque 11^h 45′, et cela veut dire que l'horloge doit indiquer 11^h 45′, quand le cadran indique midi, ou quand le centre de l'image solaire est sur la méridienne O.XII. Cette image aura donc dépassé la méridienne du côté de I heure, au moment où l'horloge devra sonner midi. Pour savoir de combien, il suffit de retrancher du temps vrai 12^h, le temps moyen 11^h 45′. La différence 15′ montre que, le 16 novembre, le Soleil marquera 12^h 15′, lorsqu'il sera midi à l'horloge. Menez donc, par un point *a* situé à 15′ de XII, du côté de I, une droite *a*O; la rencontre *b* de cette droite et de la courbe YZ vous donnera le lieu de l'image solaire, le 16 novembre, à l'instant du midi de l'horloge. Ce point *b* appartiendra, par conséquent, à la méridienne du temps moyen.

La même courbe YZ contient un second point de la méridienne courbe : c'est celui qui répond au jour pour lequel la déclinaison est la même qu'au 16 novembre. Or, deux jours qui donnent la même déclinaison sont à la même distance des équinoxes ou d'un solstice. Cherchez donc dans la fin de janvier, une déclinaison égale ou presque égale à la déclinaison 18° 50′ du 16 novembre. Vous trouverez qu'elle répond au 26 et que ce jour-là le temps moyen est 12′ 45″, c'est-à-dire qu'il est plus de midi à l'horloge, quand il est midi au cadran. Conséquemment, lorsque l'horloge doit sonner midi, il est au Soleil seulement 11^h 47′ 15″, différence de 12′ 45″ à 12^h. Dirigez donc une droite au point O, par un point *c* situé à 47′ 15″ de XI ou à 12′ 45″ de XII, sur la gauche; la rencontre *d* de cette droite et de la courbe YZ sera un nouveau point de la méridienne du temps moyen.

Un des deux points situés sur chacune des courbes du 24 décembre, du 15 avril, du 15 juin, du 1er septembre, sera donné par l'intersection avec la méridienne droite O.XII. Les deux points des jours équinoxiaux se trouveront sur la droite DE. Enfin, la lemniscate devra toucher la courbe du 21 décembre et celle du 21 juin, au point unique situé sur chacune (52).

Observez qu'après avoir tracé la méridienne du temps moyen, vous devez effacer les courbes des jours, puisqu'elles n'ont réellement quelque exactitude qu'entre 11^h et 1^h. Ce n'est pas toutefois une raison pour en construire seulement les parties comprises entre les deux lignes horaires O.XI, O.I (F. 74) : on n'a pas suffisamment le sentiment d'une courbe dont on ne connaît que trois points ; cinq au moins sont nécessaires.

Le temps moyen au midi vrai et la déclinaison du Soleil en un jour donné, varient d'une année à l'autre : les nombres fournis par un annuaire, pour ces deux choses, ne sont pas les mêmes que ceux qui se trouvent dans l'annuaire précédent ou suivant. Mais, les variations sont très-petites ; elles ne portent que sur les secondes et après avoir produit des augmentations, elles causent des diminutions. On peut donc n'en tenir aucun compte et se servir d'un annuaire quelconque, pour tracer la méridienne courbe : l'inexactitude de cette méridienne, sera inappréciable et ne l'empêchera pas d'indiquer à fort peu près le midi vrai, dans toutes les années où la déclinaison et le temps moyen ne s'accorderont pas avec l'annuaire employé.

158. *Moyen de faire sonner le midi vrai.* Je terminerai en vous indiquant un moyen simple de faire annoncer au loin midi vrai, par un cadran solaire ; il est beaucoup moins dispendieux que le petit canon ordinairement employé par les personnes qui n'aiment pas à guetter l'instant où le Soleil passe dans le méridien.

Un verre lenticulaire, une loupe, est placé de manière que ses deux axes soient perpendiculaires au rayon méridien AT des équinoxes (F. 75). Derrière et par le point même où le verre concentre les rayons solaires qu'il reçoit, passe un fil qui tient suspendu le marteau d'une cloche. Au moment du midi vrai, en toute saison, ce fil est incendié par l'effet de la chaleur du Soleil, et soudain le marteau frappe un coup sur la cloche.

FIN.

TABLE DES MATIÈRES.

18

Révolution annuelle de la Terre.

Révolutions et rotation de la Lune.

ÉCLIPSES.

LES PLANÈTES.

LES COMÈTES.

LES ÉTOILES.

CADRANS SOLAIRES.

FIN DE LA TABLE

OUVRAGES CONSULTÉS.

Exposition du système du monde, par *Laplace*, membre de l'Institut.

Abrégé d'Astronomie, par *Lalande*, directeur de l'observatoire.

Annuaire du Bureau des longitudes, pour l'an 1832.

Notice sur les Comètes, par M. *Arago*, membre de l'Institut.

Je dois citer aussi M. *Sarrus*, docteur ès sciences, au sujet du moyen donné page 129, n° 150, pour construire le centre d'un cadran solaire. J'ai cependant trouvé ce moyen de mon côté, et je serai cru aisément par ceux qui compareront ma nouvelle théorie des cadrans, à celle de M. *Sarrus*. Mais, comme ce docteur a donné, le premier, le développement de la pyramide lumineuse, dans son excellent *Traité abrégé de Gnomonique graphique*, inséré aux Annales de mathématiques, Tome XV, page 219, le procédé lui appartient bien légitimement.

FAUTES A CORRIGER.

TABLEAU des déclinaisons et du temps moyen, pour l'année 1832 (*).

Quantièmes.	JANVIER. Déclinaison à midi vrai.	JANVIER. Temps moyen à midi vrai.	FÉVRIER. Déclinaison à midi vrai.	FÉVRIER. Temps moyen à midi vrai.	MARS. Déclinaison à midi vrai.	MARS. Temps moyen à midi vrai.	AVRIL. Déclinaison à midi vrai.	AVRIL. Temps moyen à midi vrai.	MAI. Déclinaison à midi vrai.	MAI. Temps moyen à midi vrai.	JUIN. Déclinaison à midi vrai.	JUIN. Temps moyen à midi vrai.
	Australe D. M.	12h+ M. S.	Australe D. M.	12h+ M. S.	Australe D. M.	12h+ M. S.	Boréale D. M.	12h+ M. S.	Boréale. D. M.	11h+ M. S.	Boréale D. M.	11h+ M. S.
1	23. 4	3.34	17.17	13.51	7.28	12.35	4.39	3.55	15.10	56.56	22. 6	57.30
2	22.59	4. 3	17. 0	13.59	7. 5	12.23	5. 2	3.37	15.28	56.49	22.14	57.39
3	22.54	4.31	16.43	14. 7	6.42	12.10	5.25	3.19	15.45	56.42	22.21	57.49
4	22.48	4.59	16.25	14.13	6.19	11.57	5.48	3. 1	16. 3	56.36	22.28	57.59
5	22.42	5.26	16. 8	14.19	5.56	11.43	6.11	2.44	16.20	56 31	22.35	58. 9
6	22.35	5.54	15.49	14.24	5.32	11.29	6.34	2.26	16.37	56.26	22.41	58.20
7	22.28	6.20	15.31	14.28	5. 9	11.14	6.56	2. 9	16.53	56.21	22.47	58.30
8	22.20	6.46	15.12	14.31	4.46	10.59	7.19	1.52	17.10	56.17	22.53	58.41
9	22.12	7.12	14.53	14.33	4.22	10.44	7.41	1.35	17.26	56.14	22.58	58.53
10	22. 4	7.37	14.34	14.35	3.59	10.28	8. 3	1.18	17.42	56.11	23. 3	59. 5
11	21.55	8. 1	14.14	14.35	3.35	10.12	8.25	1. 2	17.57	56. 9	23. 7	59.16
12	21.46	8.25	13.55	14.35	3.12	9.56	8.47	0.46	18.12	56. 7	23.11	59.28
13	21.36	8.48	13.35	14.34	2.48	9.39	9. 9	0.30	18.27	56. 6	23.14	59 41
14	21.26	9.10	13.15	14.33	2.24	9.22	9.31	0.15	18.42	56. 6	23.18	59.53
(AVRIL: 11h+ ; JUIN: 12h+)												
15	21.15	9.32	12.54	14.30	2. 1	9. 5	9.52	59.59	18.56	56. 6	23.20	0. 5
16	21. 4	9.53	12.34	14.27	1.37	8.48	10.13	59.45	19.10	56. 6	23.22	0.18
17	20.53	10.14	12.13	14.23	1.13	8.30	10.35	59.30	19.24	56. 7	23.24	0.31
18	20.41	10.34	11.52	14.19	0.50	8.12	10.55	59.16	19.37	56. 9	23.26	0.44
19	20.29	10.53	11.31	14.13	0.26	7.54	11.16	59. 3	19.50	56.11	23.27	0.57
20	20.17	11.11	11.10	14. 7	0. 2	7.36	11.36	58.50	20. 2	56.14	23.27	1. 9
(MARS: Boréale)												
21	20. 3	11.29	10.48	14. 1	0.21	7.18	11.57	58.37	20.15	56.18	23.28	1.22
22	19.50	11.46	10.26	13.54	0.45	6.59	12.17	58.25	20.27	56.22	23.27	1.35
23	19.36	12. 2	10. 5	13.46	1. 9	6.41	12.37	58.13	20.38	56.26	23.27	1.48
24	19.22	12.17	9.43	13.37	1.32	6.23	12.57	58. 1	20.49	56.31	23.26	2. 1
25	19. 8	12.32	9.20	13.28	1.56	6. 4	13.17	57.50	21. 0	56.37	23.24	2.14
26	18.53	12.45	8.58	13.19	2.19	5.46	13.36	57.40	21.11	56.43	23.22	2.27
27	18.38	12.58	8.36	13. 9	2.43	5.27	13.55	57.30	21.21	56.50	23.20	2.39
28	18.23	13.11	8.13	12.58	3. 6	5. 8	14.14	57.21	21.31	56.57	23.17	2.52
29	18. 7	13.22	7.50	12.47	3.30	4.50	14.33	57.12	21.40	57. 4	23.14	3. 4
30	17.51	13.32			3.53	4.32	14.51	57. 4	21.49	57.12	23.11	3.16
31	17.34	13.42			4.16	4.13			21.58	57.21		

(*) Ce tableau a été extrait de l'Annuaire du Bureau des longitudes, pour que les personnes qui voudront construire des cadrans solaires, n'aient pas besoin de recourir à ce recueil.

D signifie *degrés* — M *minutes* — S *secondes*.

12h +, 11h +, indiquent qu'il faut ajouter à 12h, à 11h, les nombres de minutes et de secondes qui suivent.

TABLEAU des déclinaisons et du temps moyen, pour l'année 1832.

Quantièmes	JUILLET — Déclinaison à midi vrai. (Boréale — D. M.)	JUILLET — Temps moyen à midi vrai. (12ʰ+ — M. S.)	AOUT — Déclinaison à midi vrai. (Boréale — D. M.)	AOUT — Temps moyen à midi vrai. (12ʰ+ — M. S.)	SEPTEMB. — Déclinaison à midi vrai. (Boréale — D. M.)	SEPTEMB. — Temps moyen à midi vrai. (11ʰ+ — M. S.)	OCTOBRE — Déclinaison à midi vrai. (Australe — D. M.)	OCTOBRE — Temps moyen à midi vrai. (11ʰ+ — M. S.)	NOVEMB. — Déclinaison à midi vrai. (Australe — D. M.)	NOVEMB. — Temps moyen à midi vrai. (11ʰ+ — M. S.)	DÉCEM. — Déclinaison à midi vrai. (Australe — D. M.)	DÉCEM. — Temps moyen à midi vrai. (11ʰ+ — M. [cut off])
1	23. 7	3.28	17.59	6. 0	8.13	59.48	3.17	49.37	14.32	43.44	21.52	49…
2	23. 3	3.39	17.44	5.56	7.51	59.29	3.40	49.18	14.51	43.44	22. 1	49…
3	22.58	3.51	17.28	5.51	7.29	59. 9	4. 4	48.59	15.10	43.44	22.10	50…
4	22.53	4. 1	17.12	5.46	7. 6	58.50	4.27	48.41	15.29	43.44	22.18	50…
5	22.47	4.12	16.56	5.41	6.44	58.30	4.50	48.23	15.47	43.46	22.26	50…
6	22.41	4.22	16.40	5.34	6.22	58.10	5.13	48. 6	16. 5	43.49	22.33	51…
7	22.35	4.32	16.23	5.27	5.59	57.50	5.36	47.49	16.23	43.52	22.40	51…
8	22.28	4.41	16. 6	5.20	5.37	57.30	5.59	47.32	16.40	43.56	22.46	52…
9	22.21	4.50	15.49	5.12	5.14	57. 9	6.22	47.16	16.58	44. 1	22.52	52…
10	22.14	4.59	15.31	5. 3	4.51	56.48	6.45	47. 0	17.14	44. 7	22.58	53…
11	22. 6	5. 7	15.13	4.54	4.29	56.27	7. 8	46.44	17.31	44.13	23. 3	53…
12	21.58	5.15	14.55	4.44	4. 6	56. 6	7.30	46.29	17.47	44.21	23. 7	54…
13	21.49	5.22	14.37	4.33	3.43	55.45	7.53	46.15	18. 4	44.30	23.11	54…
14	21.40	5.29	14.19	4.22	3.20	55.24	8.15	46. 1	18.19	44.39	23.15	55…
15	21.31	5.35	14. 0	4.11	2.57	55. 3	8.37	45.48	18.35	44.49	23.18	55…
16	21.21	5.41	13.41	3.59	2.33	54.42	8.59	45.35	18.50	45. 0	23.21	56…
17	21.11	5.46	13.22	3.46	2.10	54.21	9.21	45.23	19. 5	45.12	23.23	56…
18	21. 1	5.51	13. 3	3.33	1.47	54. 0	9.43	45.12	19.19	45.25	23.25	57…
19	20.50	5.55	12.43	3.20	1.24	53.39	10. 5	45. 1	19.33	45.39	23.26	57…
20	20.39	5.59	12.23	3. 6	1. 0	53.18	10.27	44.51	19.47	45.53	23.27	58…
21	20.27	6. 2	12. 3	2.52	0.37	52.57	10.48	44.42	20. 0	46. 8	23.28	58…
22	20.15	6. 5	11.43	2.37	0.13	52.36	11. 9	44.33	20.13	46.24	23.28	59…
23	20. 3	6. 7	11.23	2.22	0.10 (Australe)	52.16	11.31	44.25	20.26	46.41	23.27	59…
24	19.51	6. 8	11. 2	2. 6	0.23	51.55	11.52	44.17	20.38	46.59	23.26	12 …
25	19.38	6. 9	10.42	1.50	0.57	51.35	12.12	44.10	20.50	47.17	23.24	0…
26	19.25	6.10	10.21	1.34	1.20	51.15	12.33	44. 4	21. 1	47.36	23.22	1…
27	19.11	6.10	10. 0	1.17	1.44	50.55	12.53	43.59	21.12	47.56	23.20	1…
28	18.57	6. 9	9.39	1. 0	2. 7	50.35	13.13	43.55	21.23	48.17	23.17	
29	18.43	6. 8	9.17	0.42	2.30	50.15	13.33	43.51	21.33	48.38	23.14	
30	18.29	6. 6	8.56	0.24	2.54	49.56	13.53	43.48	21.43	49. 0	23.10	
31	18.14	6. 3	8.34	0. 6			14.13	43.46			23. 5	

TABLEAU comparatif des principaux Corps célestes.

	DIAMÈTRES (1*).	VOLUMES (2*).	ROTATIONS (3*).	INCLINAISONS des axes sur les orbites.	DISTANCES moyennes au Soleil (4*).	EXCENTRICITÉS relatives (5*).	EXCENTRICITÉS absolues (6*).	INCLINAISONS des orbites sur l'écliptique.	RÉVOLUTIONS SIDÉRALES en jours (3*).	RÉVOLUTIONS SIDÉRALES en années.
EIL............	109,93	1 328 460,0	25,5	»	»	»	»	»	»	»
CURE........	0,39	0,1	1,0	»	0,387	0,2055	0,079 55	7° 0' 0"	87,969	0,24
US............	0,97	0,9	0,973	»	0,723	0,0069	0,004 98	3 23 35	224,701	0,61
TERRE........	1,00	1,0	0,997	66° 30'	1,0	0,0168	0,016 81	0 0 0	365,256	1,00
LUNE........	0,27	0,0204	27,322	83 0	1,0	0,0550 (59)	0,000 14	5 8 52	27,322	0,075
AS............	0,56	0,2	1,027	59 42	1,524	0,0931	0,141 84	1 51 0	686,980	1,88
TA............	»	»	»	»	2,373	»	»	»	1 335,205	3,58
ON............	»	»	»	»	2,667	»	»	»	1 590,998	4,36
ÈS............	0,0233	»	»	»	2,767	0,0810	0,224 12	10 24 55	1 681,539	4,61
LAS..........	0,0115	»	»	»	2,768	»	»	»	1 681,709	4,61
TER..........	11,56	1 470,2	0,414	86 48	5,203	0,0481	0,250 13	1 19 2	4 332,596	11,87
URNE........	9,61	887,3	0,428	»	9,539	0,0562	0,536 40	2 29 55	10 758,970	29,48
NUS..........	4,26	77,5	»	»	19,183	0,0467	0,895 56	0 46 26	30 688,713	84,08

*) L'unité = 2 870 lieues (16).

*) L'unité = 12 408 835 616 lieues cubes (16).

*) L'unité = 24 heures (49).

*) L'unité = 33 525 322 lieues (2). Les doubles des nombres de cette colonne font les grands axes des orbites.

*) L'unité est variable : elle égale pour chaque nombre, celui de la Lune excepté, le nombre correspondant de la colonne précédente (32). L'excentricité relative donne le moyen de comparer les alongemens des orbites : elle forme une partie de chaque demi-grand axe.

*) L'unité = 33 525 322 lieues (32). L'excentricité absolue est un nombre de lieues. Ajoutée à la distance moyenne, elle donne la distance d'aphélie ; retranchée de la distance moyenne, elle donne la distance de périhélie (36). Voulez-vous connaître, par exemple, le plus grand éloignement de Mercure par rapport au Soleil ? vous ajoutez l'excentricité absolue 0,079 55 à la distance moyenne 0,387, et vous multipliez par la somme le nombre 33 525 322 lieues. Mais ces calculs ne sont point applicables à la Lune, attendu que c'est la Terre et non le Soleil qui se trouve à l'un des foyers de son orbite. La distance d'aphélie pour notre satellite égale celle de la Terre augmentée de 86 000 l, et la distance de périhélie égale celle de la Terre diminuée de 86 000 l.

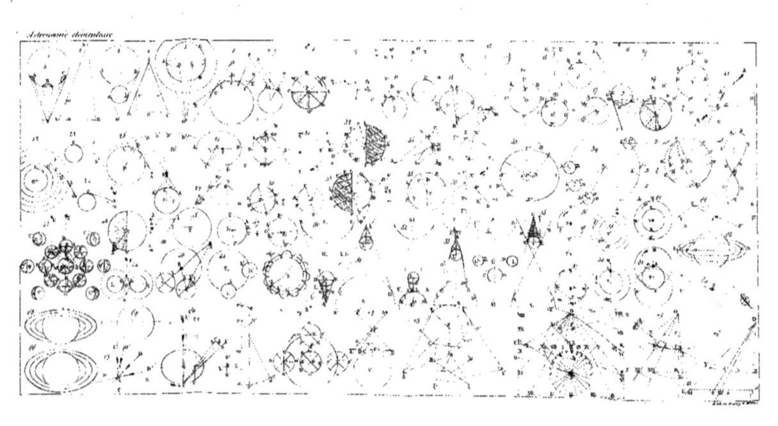
Astronomie élémentaire